专项职业能力考核培训教材

跷脚牛肉制作

四川省职业技能鉴定指导中心　组织编写

郭剑英　罗加丽　主　编

中国劳动社会保障出版社

图书在版编目（CIP）数据

跷脚牛肉制作 / 四川省职业技能鉴定指导中心组织编写；郭剑英，罗加丽主编. -- 北京：中国劳动社会保障出版社，2023
专项职业能力考核培训教材
ISBN 978-7-5167-6192-2

Ⅰ.①跷… Ⅱ.①四…②郭…③罗… Ⅲ.①牛肉-烹饪-职业培训-教材 Ⅳ.①TS972.125.1

中国国家版本馆 CIP 数据核字（2023）第 226395 号

中国劳动社会保障出版社出版发行

（北京市惠新东街 1 号　邮政编码：100029）

*

北京市白帆印务有限公司印刷装订　　新华书店经销

787 毫米×1092 毫米　16 开本　8.25 印张　153 千字
2023 年 12 月第 1 版　　2023 年 12 月第 1 次印刷

定价：32.00 元

营销中心电话：400-606-6496
出版社网址：http://www.class.com.cn

版权专有　　侵权必究

如有印装差错，请与本社联系调换：（010）81211666
我社将与版权执法机关配合，大力打击盗印、销售和使用盗版图书活动，敬请广大读者协助举报，经查实将给予举报者奖励。
举报电话：（010）64954652

编审委员会

主　任　尹　晓　汪天飞　祝志高

委　员　李　沙　赵　川　魏忠孝　冯　波　郭剑英
　　　　杨　帅　何晓明　张其麒　胡飞扬　叶林坤
　　　　田羽涵

编审人员

主　编　郭剑英　罗加丽

副主编　胡文才　季　雨　陈　燊

编　者　李　杰　王登贵　祝志高　王　瑛　何魁中
　　　　张雪梅　段玉婷　吴嘉川　贺嘉怡　覃梦秋

主　审　殷宗祥　陈祖民

前 言

职业技能培训是全面提升劳动者就业创业能力、促进充分就业、提高就业质量的根本举措，是适应经济发展新常态、培育经济发展新动能、推进供给侧结构性改革的内在要求，对推动大众创业万众创新、推进制造强国建设、推动经济高质量发展具有重要意义。

为了加强职业技能培训，《国务院关于推行终身职业技能培训制度的意见》（国发〔2018〕11号）、《人力资源社会保障部　教育部　发展改革委　财政部关于印发"十四五"职业技能培训规划的通知》（人社部发〔2021〕102号）提出，要完善多元化评价方式，促进评价结果有机衔接，健全以职业资格评价、职业技能等级认定和专项职业能力考核等为主要内容的技能人才评价制度；要鼓励地方紧密结合乡村振兴、特色产业和非物质文化遗产传承项目等，组织开发专项职业能力考核项目。

专项职业能力是可就业的最小技能单元，劳动者经过培训掌握了专项职业能力后，意味着可以胜任相应岗位的工作。专项职业能力考核是对劳动者是否掌握专项职业能力所做出的客观评价，通过考核的人员可获得专项职业能力证书。

为配合专项职业能力考核工作，在人力资源社会保障部教材办公室指导下，四川省职业技能鉴定指导中心组织有关方面的专家编写了专项职业能力考核培训教材。教材严格按照专项职业能力考核规范编写，内容充分反映了专项职业能力考核规范中的核心知识点与技能点，较好地体现了科学性、适用性、先进性与前瞻性。相关行业和考核培训方面的专家参与了教材的编审工作，保证了教材内容与考核规范、题库的紧密衔接。

专项职业能力考核培训教材突出了适应职业技能培训的特色，不但有助于读者通过考核，而且有助于读者真正掌握相关知识与技能。

本教材由乐山市嘉州美食文化研究院承担具体编写工作。教材在编写过程中得到了乐山周老三跷脚牛肉餐饮管理有限公司、乐山周村古食跷脚牛肉餐饮管理有限公司、乐山师范学院旅游与地理科学学院、四川旅游发展研究中心、乐山师范学院美术与设计学院、乐山市教育科学研究所、四川旅游学院川菜发展与饮食文化研究院、乐山市知行旅游职业高中、乐山市计算机学校、乐山职业技术学院文化旅游学院、乐山市第一职业高级中学等单位的大力支持与协助，西南财经大学法学院祝诗云对教材进行了法律审查，在此表示衷心感谢。

教材编写是一项探索性工作，由于时间紧迫，不足之处在所难免，欢迎各使用单位及读者提出宝贵意见和建议，以便教材修订时补充更正。

序

"吃"在旅游六要素（吃、住、行、游、购、娱）中排名第一，是保持旅游目的地竞争力的重要元素。

乐山古称"嘉州"，历史悠久，文化灿烂。作为国家历史文化名城，人杰地灵的乐山拥有钟灵毓秀的自然风光、多姿多彩的民俗文化以及深厚的历史底蕴。"佛门圣地，普贤道场"的峨眉山举世闻名；"山是一尊佛，佛是一座山"的乐山大佛名扬天下。千百年来，无数名人雅士都在此地留下不朽诗篇，甚至发出"天下山水之观在蜀，蜀之胜曰嘉州"的赞颂，为这座城市赋予了浓厚的人文气息。

美食是一张名片，代表着一个地方、一座城市的生活方式及文化内涵。民以食为天，从古到今，美食永远是城乡生活中最让人津津乐道的。日常生活中，吃，不仅是一日三餐，它的背后往往还蕴含着人们认识事物、理解事物的哲理。一道美食不光是好吃，还代表着一个地方的风土人情；它不仅是简单的味觉感受，更是一种精神享受。每当有喜事的时候，人们总是通过吃来表达自己的思想情感。"吃"的文化已经超过了"吃"的本身，获得了更深刻的社会意义。

在中国美食地图中，乐山虽然偏居西南一隅，但美食之城的地位却一点不比大城市低。翻阅《中国名菜集锦》，入选的乐山名食很多，比如清蒸江团、东坡墨鱼、雪魔芋烧鸡翅、珍珠鱼、仔姜鸭脯等。乐山作为中国特色美食地标城市，仅"非遗美食"就有百余项，如大家耳熟能详的乐山钵钵鸡、牛华麻辣烫、乐山甜皮鸭、跷脚牛肉、西坝豆腐、乐山豆腐脑等。

乐山作为国际旅游重要目的地，乐山美食不仅促进了乐山旅游的发展，甚至成了乐山旅游活动的重要因素。随着乐山旅游辐射范围的扩大，香飘四溢的乐山美食吸引了更多游客。跷脚牛肉、麻辣烫、钵钵鸡、甜皮鸭、豆腐脑等美食走向全国、迈向世界，迫切需要建立健全乐山特色美食系列标准体系，这也是乐山特色美食走向规模化、连锁化、产业化发展道路的必然需求。

美食传承发展的灵魂在于文化。乐山市嘉州美食文化研究院致力于嘉州菜的理论建设、文化研究、学术交流、标准制定、技能培训、品牌打造、产业发展。研究院开发了"乐山味道·嘉州菜"标准和专项职业能力考核规范，确保乐山美食高质量地香飘世界。研究院面向社会开展中式烹调师、中式面点师、西式面点师等职业技能等级认定，培育乐山美食制作技能人才，致力于嘉州菜生态、绿色、健康的科学膳食体系和乐山烹饪教育学科体系建设，已成为嘉州美食文化传承发展的生力军。

2022年6月，习近平总书记在四川省眉山市考察时指出，要"让人民群众奔着更好的日子去"。为了让更好的日子体现在美食中，乐山市正围绕"佛国仙山·人间烟火"的城市营销理念，按照"一个味道、十大美食、百道美味、千种佳肴、万众品尝、亿元产业"的发展路径，建设世界美食之都，让乐山美食惠及天下！

目 录

培训任务 1　认识跷脚牛肉

学习单元 1　中国菜概述 ……………………………………… 2

学习单元 2　川菜概述 ………………………………………… 6

学习单元 3　乐山菜概述 ……………………………………… 12

学习单元 4　跷脚牛肉概述 …………………………………… 15

培训任务 2　原料品质检验与保管

学习单元 1　原料品质检验 …………………………………… 20

学习单元 2　原料保管 ………………………………………… 27

培训任务 3　原料选择

学习单元 1　主料选择和分档 ………………………………… 32

学习单元 2　辅料选择 ………………………………………… 40

学习单元 3　调味品选择 ……………………………………… 46

培训任务 4　原料预处理

学习单元 1　原料初步加工 …………………………………… 58

学习单元 2　原料焯水 ·· 62

培训任务 5　原料加工工艺
　　学习单元 1　认识刀工 ·· 68
　　学习单元 2　刀法训练 ·· 73
　　学习单元 3　原料刀工成形标准 ·· 79

培训任务 6　调味技术
　　学习单元 1　调味基础 ·· 86
　　学习单元 2　味型调制 ·· 89

培训任务 7　汤汁熬制

培训任务 8　菜品烫制

培训任务 9　安全与卫生
　　学习单元 1　《中华人民共和国食品安全法》相关知识 ················ 106
　　学习单元 2　《餐饮服务食品安全操作规范》相关知识 ················ 109
　　学习单元 3　跷脚牛肉制作安全管理要求 ··································· 116

附录 1　跷脚牛肉制作专项职业能力考核规范 ·································· 118
附录 2　跷脚牛肉制作专项职业能力培训课程规范 ··························· 121

培训任务 1

认识跷脚牛肉

学习单元 1

中国菜概述

一、中国菜的起源和发展

中国菜有着悠久的历史，在漫长的发展过程中形成了独具特色的饮食文化。根据历史上不同时期的饮食特点，中国餐饮大致经历了以下几个发展阶段。

先秦时期是中国餐饮发展的萌芽时期，重视五味协调、阴阳调和是这一时期餐饮烹饪的主要特点。

秦汉时期《黄帝内经》《神农本草经》等医学典籍中出现了对食疗的论述，此外道家养生食疗的饮食思想也影响深远。

魏晋南北朝时期，由于民族间的融合，汉族的饮食中开始融入少数民族的饮食特色，中华饮食文化逐步走向繁荣时期。食品制作、烹调和食疗方面的著述成批涌现，《齐民要术》中记录的不少菜肴被视为现今各地名菜的原型。

隋唐时期，国家空前强盛，饮食养生等方面的研究增多。孙思邈的《千金翼方》介绍了用生姜、白蜜、牛乳、葱白、羊头、羊肝等食物制作的17种药膳，且提出"药治不如食治""以脏补脏"，以及饮食养生等食疗原则，对后世的食疗法产生了巨大的影响。

两宋时期是中国饮食文化的成熟期与繁荣期，饮食来源的扩大与品类的增加使宋代的饮食内容愈加丰富多元，饮食结构也愈加趋于合理化与科学化。

元明清各代进一步促进了饮食文化的发展。《饮膳正要》为元代太医忽思慧所撰，是中国第一部有关营养学的专著，具有很高的中医食疗养生的参考价值。《饮膳正要》局部如图1-1所示。晚清时期出现了西餐烹饪书《造洋饭书》，书中介绍了西餐的配料及烹调方法，卷末附有英语、汉语对照表。清朝餐饮理论研究最具代表性的人物是袁枚，其所著的《随园食单》（见图1-2）详细介绍了清乾隆年间江浙地区的饮食状况与烹饪技术，详细描述了明清时期的300多种南北菜肴饭点，也对当时的美酒、名茶进行了介绍。

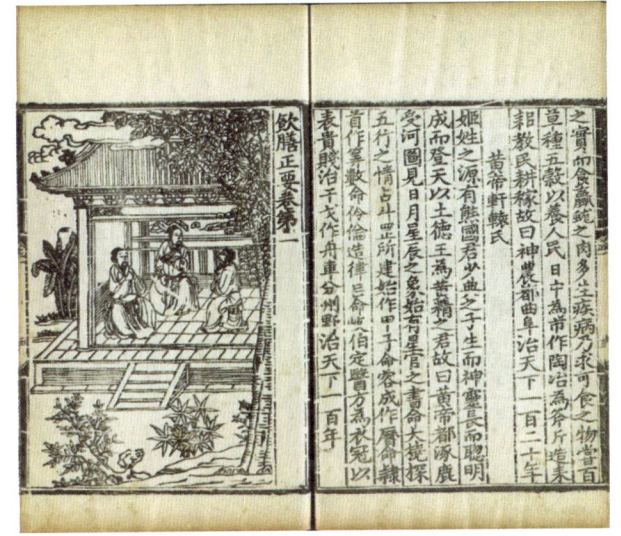

图1-1 《饮膳正要》局部

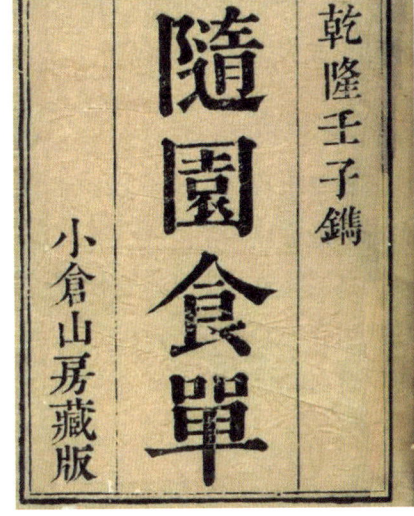

图1-2 《随园食单》

民国时期，西方列强大量向中国倾销商品，其中就有机械加工生产的新食料，如味精、果酱、鱼露、咖喱、芥末、苏打粉、香精、合成色素等。这些食料进入中国后，对传统烹调工艺产生了较大影响。

中华人民共和国成立后，科学技术进步、文化教育普及，烹饪理论的研究和新型厨师的培养得到了加强，广大厨师的积极性和创造性得到了极大调动。人民生活水平提高，国际交往频繁，第三产业兴盛，又赋予烹饪新的活力。

二、中国菜的特点

1.进食与自然节律协调同步，四季有别。

2.天人协调，五味调和。

3.菜肴的艺术装饰和美感呈现。

4.通过菜名的寓意突出菜肴的文化内涵，如"狮子头""龙凤呈祥""霸王别姬"等。

5. 重视餐饮的食疗效果，遵循医食同源、药膳同功的膳食理念。

三、中国四大菜系

中国菜系是指在一定区域内由于气候、地理、历史、物产的不同，经过漫长演变而形成的一整套自成体系的烹饪技艺和风味，并被全国各地所承认的地方菜肴。

中国人讲究并善于烹饪，早在春秋战国时期，中国饮食中南北菜肴风味就表现出了差异。到了唐宋时期，南食、北食各自形成体系。清代初期，鲁菜、川菜、粤菜、淮扬菜成为当时最有影响的地方菜，被称作四大菜系。

1. 鲁菜

鲁菜也称山东菜，是中国最早形成的地方风味菜系，由济南菜、胶东菜和济宁菜三部分地方风味菜组成。济南菜味浓厚，擅于烹制各种动物内脏，特别讲究清汤和奶汤的烹制。胶东菜起源于福山（今烟台市福山区），擅于烹制各种海鲜，偏清淡。济宁菜则以孔府菜为代表，讲究时令、用料名贵、口味醇香、原汁原味。鲁菜的特色菜有糖醋黄河鲤鱼、葱烧海参等。

2. 川菜

川菜也称四川菜，历史悠久，起源于古代的巴国和蜀国。川菜用料广博、味道多样，菜肴适应面广，被冠以"百姓菜"。川菜尤以味型多、变化巧而著称，"食在中国，味在四川"已经被大家所公认。川菜的特色菜有鱼香肉丝、回锅肉等。

3. 粤菜

粤菜也称广东菜，主要由广州菜、潮州菜、东江菜组成，但通常以广州菜为代表。广州地处珠江三角洲，气候温和、物产丰富，可供食用的动植物品种丰富，这也成为粤菜发展的物质基础。粤菜历来以选料广博、菜肴新颖奇特而闻名，菜品讲究清而不淡、嫩而不生，时令性强。粤菜的特色菜有挂炉烧鹅、烤乳猪等。

4. 淮扬菜

淮扬菜是由苏州菜、扬州菜、南京菜、镇江菜构成的。其主要特点是用料广泛，以江河湖鲜为主，刀工精细，烹调方法多样，擅长炖、焖、煨、焐，追求本味，清鲜平和，菜品风格雅丽，形质均美。淮扬菜的特色菜有清炖蟹粉狮子头、盐水鸭等。

测试题

一、判断题（将判断结果填入括号中，正确的请打"√"，错误的请打"×"）

1. 胶东菜起源于福山（今烟台市福山区），擅于烹制各种海鲜，偏清淡。（　　）
2. 清代初期，鲁菜、川菜、粤菜、淮扬菜成为当时最有影响的地方菜，被称作四大菜系。（　　）
3. 川菜用料广博、味道多样，菜肴适应面广，被冠以"百姓菜"。（　　）

二、单项选择题（选择一个正确的答案，将相应的字母填入题内括号中）

1. （　　）时期，汉族的饮食中开始融入少数民族的饮食特色。
  A. 先秦　　　　B. 秦汉　　　　C. 魏晋南北朝　　D. 隋唐
2. （　　）不属于中国四大菜系。
  A. 川菜　　　　B. 淮扬菜　　　C. 浙菜　　　　　D. 粤菜
3. 淮扬菜是由苏州菜、扬州菜、（　　）、镇江菜构成的。
  A. 潮州菜　　　B. 济宁菜　　　C. 杭州菜　　　　D. 南京菜

三、简答题

1. 简述中国菜的发展历史。
2. 简述中国菜的特点。
3. 简述中国四大菜系的特点。

测试题参考答案

一、判断题

1. √　　2. √　　3. √

二、单项选择题

1. C　　2. C　　3. D

三、简答题

略

学习单元 2

川菜概述

一、川菜的起源和发展

川菜是巴蜀地区人们在漫长烹饪实践中创造、形成的用料广泛、烹饪方法多样、调味精妙并且善用麻辣的地方风味菜系。古代川菜初期以"尚滋味、好辛香"为特点，中期以"物无定味、适口者珍"为特色；近代川菜以"一菜一格、百菜百味、清鲜醇浓、麻辣香甜"为特点；现代川菜有"传承不守旧、创新不忘本"的思想理念，有"海纳百川、兼容并蓄"的开放姿态，有"融会贯通、食古化今，集众家之长，成一家风格"的与时俱进的创造性，不断发展和前进。

川菜发源地是古代的蜀国、巴国。川菜菜系的形成，大致在秦朝至三国时期。秦惠文王和秦始皇先后两次大量移民蜀中，同时带来了中原地区先进的生产技术；张骞出使西域，引进黄瓜、胡豆、胡桃、大豆、大蒜等品种，增加了川菜的原料和调料。烹饪行业的进步和发展使蜀中的食店、酒肆增多，烹饪技术也突飞猛进。1981年忠县出土的东汉墓葬中发现了庖厨俑（见图1-3），其头戴配花高帽，一手执刀，一手按鱼头，身前摆放牛头、猪头、鸡、鸭、龟、鱼、腊肠、蔬菜、瓜果等。

魏晋南北朝时期，西晋文学家左思在《蜀都赋》中描绘了1 700多年前川菜的烹饪技艺和宴席盛况，"若其旧俗，终冬始春。吉日良辰，置酒高堂，以御嘉宾"。花椒此时已在四川地区用以入药或作为食品配料。此外，生姜、茱萸与花椒并称"三香"，得到广泛种植。

元末明初与明末清初,两次"湖广填四川"移民,将其他地区的食材,如甘薯、辣椒、番茄、土豆、玉米等,以及烹饪方法、调料等带到气候潮湿的西南地区。其中,辣椒的引入契合了四川人因气候、地理条件和口味习惯而早已形成的"好辛香"传统,辣椒在川菜制作中被广泛运用,促进了川菜最终形成独具一格的风味特色。可以说,辣椒的引入和广泛运用对川菜的发展起到了最为重要的作用。同时,移民与四川原住民共同生产、生活,促进了包括菜肴制作及饮食习俗在内的各方面相互交融,使四川人原本崇尚饮食的习俗得以进一步发扬,对饮食的需求不断变化和增长。频繁的人员流动也为四川引入了川外菜品的制作技法和手艺精湛的厨师。清乾隆时期,李调元刊刻的《醒园录》是一部清代重要的食书,它详细记载了烹调的原料选择和烹饪操作程序,对烹饪技艺的提高帮助极大。

1840年至1949年为近代川菜发展期,川菜不断兼收并蓄,并进一步发展。鸦片战争后,西方文化逐渐影响中国。四川地处西部内陆,没有受到战乱的直接侵扰,社会经济和百姓生活相对稳定,使川菜持续发展,出现了大量的特色菜品和名店名师,饮食文化日益发展。清末的傅崇矩在《成都通览》(见图1-4)一书中,不仅详细记载了成都的包席馆、炒菜馆、饭馆、食品店等各类饮食店铺的特色,还记载了当时成都各类饮食店铺和百姓家常的1 000多种风味菜品及部分菜品的制作方法,该书的"成都之筵宴所"中载有当时成都城内外的著名筵席场所20多处。

图1-3 东汉庖厨俑

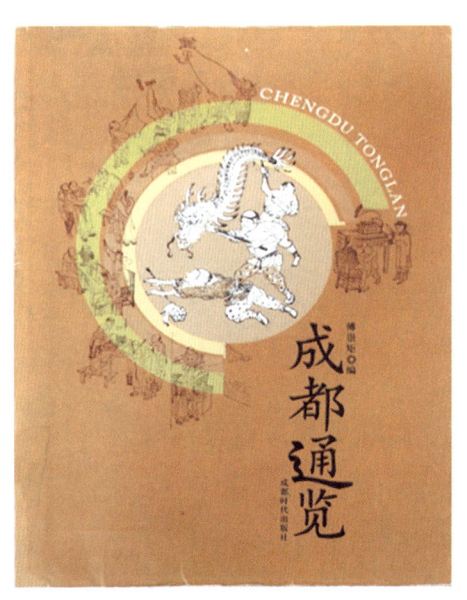

图1-4 《成都通览》

抗战时期,大批外地官员、富商内迁重庆、成都等地,全国几乎各大菜系的厨师、餐馆特色菜品及其烹饪制法,甚至西餐等也随之入川。这一时期,四川境内名厨云集、名店荟萃，为川菜与其他菜系的交融创造了条件。

中华人民共和国成立之后，特别是1978年党的十一届三中全会以后，川菜迎来了改革、发展、创新的机遇。20世纪80年代，国家把商业和饮食服务业归属为国民经济发展的第三产业，四川省制定并实施了"走出去，把川菜推向世界"的发展战略，川菜迎来快速发展时期。1983年，全国第一本地方烹饪杂志《四川烹饪》创刊（见图1-5），仅晚于《中国烹饪》三年创办，20世纪80—90年代影响颇大。1985年，四川烹饪高等专科学校创建，这是全国第一所统招并以烹饪命名的专科学校。

图1-5 《四川烹饪》创刊号

二、川菜的特点

1. 以味见长，百菜百味

味是川菜的灵魂，川菜的味不仅变化多端，而且博大精深，始终贯穿于川菜的发展过程中。川菜的味型由咸、甜、酸、鲜、辣、麻、香、苦八种基本味组成。菜肴的味道是用味型来体现的，川菜特色复合味型包括鱼香味型、麻辣味型、家常味型、怪味味型、煳辣味型、红油味型、蒜泥味型、陈皮味型、椒麻味型、椒盐味型、姜汁味型、荔枝味型等。

2. 一菜一格，烹法多样

烹调技法多种多样，一道菜一种风格，是川菜的又一特色。川菜烹制善于根据原料性质、季节气候和食客喜好来灵活调整。常见的烹调方法有炒、爆、熘、煸、烧、煮、炖、焖、煨等大类。每个大类里还可细分为几个小类，如炒又可以分为滑炒、软炒、生炒和熟炒，烧又可以分为红烧、白烧和干烧，每种炒、烧的技法工艺和成菜风味截然不同，这造就了川菜的一菜一格。

3. 兼容并蓄，博采众长

川菜对各类菜肴一概消化吸收，取其精华，充实自己。"南菜川味""北菜川烹"，川菜继承传统，不断改进提高，形成独特风味。

4. 根植民间，老少兼宜

相较于其他菜系，平民性是川菜的根基。天府之国丰富的物产和食源为巴蜀人民提供了低廉的饮食成本，养成了巴蜀人无忧无虑、平和豁达的心性。大部分经典川菜源于百姓家庭，且制作原料普通，适合家庭制作，如麻婆豆腐、回锅肉、咸烧白、担担面等。川菜经典名菜开水白菜如图1-6所示。

图1-6 开水白菜

三、川菜的流派

国内学术理论界将川菜地方风味流派分为三大类。对于传统的川菜，人们遵循旧时四川对船帮的叫法，将其分为上河帮菜、下河帮菜和小河帮菜。

上河帮菜是以成都、乐山为核心区域的川菜，也称蓉派菜，其特点是亲民平和，调味丰富，口味相对清淡，多传统菜品。上河帮菜基本集中了川菜中的高档精品菜，被誉为"川菜之王"。

下河帮菜是以重庆、达州、南充为核心区域的川菜，也称渝派川菜，其特点是大方粗犷，善于创新，用料大胆，以不拘泥于材料著称，俗称江湖菜。

小河帮菜是以自贡、宜宾为核心区域的川菜，其特点是大气、怪异、高端，以麻辣味、辛辣味、甜酸味为主。

三者共同组成川菜三大主要地方风味流派，代表川菜发展的水平。

测试题

一、判断题（将判断结果填入括号中，正确的请打"√"，错误的请打"×"）

1. 川菜发源地是古代的蜀国、巴国。（　　）
2. 川菜的味型由咸、甜、酸、鲜、辣、麻、香、苦八种基本味组成。（　　）
3. 上河帮菜基本集中了川菜中的高档精品菜，被誉为"川菜之王"。（　　）
4. 下河帮菜是以重庆、达州、南充为核心区域的川菜，也称渝派川菜。（　　）

二、单项选择题（选择一个正确的答案，将相应的字母填入题内括号中）

1. （　　）的引入和广泛运用对川菜的发展起到了最为重要的作用。

   A. 胡椒　　　　　　　　B. 辣椒
   C. 花椒　　　　　　　　D. 大蒜

2. 生姜、茱萸与（　　）并称"三香"。

   A. 八角　　　　　　　　B. 丁香
   C. 花椒　　　　　　　　D. 胡椒

3. 《醒园录》是一部（　　）重要的食书，它详细记载了烹调的原料选择和烹饪操作程序，对烹饪技艺的提高帮助极大。

   A. 清代　　　　　　　　B. 明代
   C. 宋代　　　　　　　　D. 唐末时期

三、简答题

1. 简述川菜的发展历史。
2. 简述川菜的特点。
3. 简述川菜的三大流派。

测试题参考答案

一、判断题
1. √   2. √   3. √   4. √

二、单项选择题
1. B   2. C   3. A

三、简答题
略

学习单元 3

乐山菜概述

一、乐山菜的起源和发展

乐山市是四川省辖地级市，位于四川盆地西南部，南丝绸之路和长江经济带在此交汇，大渡河、青衣江、岷江三江也在此汇流。全市有山地、丘陵、平坝三种地势，以山地为主，高低悬殊，但同处中亚热带气候带，具有四季分明的特点。乐山拥有乐山大佛、峨眉山、东风堰3处世界级遗产，拥有国家历史文化名城、中国优秀旅游城市、中国特色美食地标城市等诸多殊荣。

乐山古称嘉州，乐山菜也称嘉州菜。乐山是川菜三大流派中上河帮菜的主要发源地、经典传承地，素有"食在四川，味在乐山"之誉。

乐山菜的形成与乐山坐拥三江的便利交通，乐山历史上盛产盐，以及"湖广填四川"等几次人口大迁徙有着密不可分的关联。

相传在公元前250年，蜀郡太守李冰在今乐山市五通桥区牛华镇发现了"盐溉"，五通桥一带的盐业自此开启，这也成为乐山菜的历史开端。

清代，辣椒的传入促进了近代乐山菜的成形。清嘉庆《犍为县志》中有"辣子，有尖圆二种，其味最辣，俗名海椒"的记载，与辣椒传入四川的时间正好同步。

百味盐为基，百菜水为魂。自清代开始，五通桥已呈现"人家半藉盐为市，风俗全凭井代耕"的盐业经济。因盐而兴、因盐聚市的五通桥，成为商贾云集的繁华之地。发达的水上交通，让五花八门的食材和香料在这里汇集，巴蜀三大河帮菜系及国内其他菜系,乃至西餐也在这里交汇融合,创造出千香百味的嘉州菜,仅小吃就有百余种。乐山菜承袭了川菜一菜一格、百菜百味的鲜明个性风格,又以川菜麻、辣、鲜、香的显著特点享誉省内外。其菜系在清末民初形成嘉阳河帮菜,到20世纪中叶扬名蜀中,在四川省内的影响力发展到鼎盛。乐山因此被誉为上河帮菜的发源地,是川菜体系中的重要地方菜系品牌。

民国时期,五通桥是中国有名的盐生产和集散地,盐井林立、盐船如织,当时的盐由水路远销至武汉、苏州、杭州、上海等地。抗日战争爆发后,全国各地的饮食、外来餐饮人员,为乐山菜注入了新的元素。20世纪60年代以后,国内众多三线建设单位来到了乐山,外来菜与本地菜再次融合,逐步形成了闻名全国的乐山菜系。

隋唐以来,乐山人文文化兴起,一批历史文化名人纷纷对乐山美食著文赞誉,如宋代陆游的《登荔枝楼》中有"公事无多厨酿美,此身不负负嘉州",宋代苏轼的《送张嘉州》中有"颇愿身为汉嘉守,载酒时作凌云游"等。

二、乐山菜的特点

乐山区域内多种宗教共存,多民族共同生活,并且乐山是旅游城市,因此乐山菜既有上河帮菜系的特点,又有川菜麻、辣、鲜、香的特色,同时也有复合、厚重、回甜的独特个性。

乐山菜是天南地北的风俗和饮食文化相互认同融合的体现,是不同地区的美味历久洗礼相互同化和扬弃而形成的。

三、乐山菜的代表菜

乐山菜的代表菜有清蒸江团、东坡墨鱼、跷脚牛肉、西坝豆腐、乐山甜皮鸭、乐山钵钵鸡、嘉州脆皮鱼、峨边坨坨肉、临江鳝丝、乐山豆腐脑等。

测试题

一、判断题(将判断结果填入括号中,正确的请打"√",错误的请打"×")

1. 乐山菜属于川菜小河帮菜系。 (   )
2. 乐山市有3处世界级遗产。 (   )
3. "公事无多厨酿美,此身不负负嘉州"是宋代苏轼对乐山美食的赞美。 (   )
4. 乐山菜既有上河帮菜系的特点,又有川菜麻、辣、鲜、香的特色,同时也有复

合、厚重、回甜的独特个性。 （ ）

二、单项选择题（选择一个正确的答案，将相应的字母填入题内括号中）

1. 乐山是川菜三大流派中（ ）的主要发源地。
   A. 小河帮菜　　　B. 上河帮菜　　　C. 下河帮菜　　　D. 蓉城菜

2. 清代，（ ）的传入促进了近代乐山菜的成形。
   A. 胡椒　　　　　B. 胡豆　　　　　C. 花椒　　　　　D. 辣椒

3. 民国时期，（ ）是中国有名的盐生产和集散地，盐井林立、盐船如织。
   A. 市中区　　　　B. 五通桥　　　　C. 犍为　　　　　D. 自贡

三、简答题

1. 简述乐山菜的起源和发展。
2. 简述乐山菜的代表菜品。

测试题参考答案

一、判断题

1. ×　　2. √　　3. ×　　4. √

二、单项选择题

1. B　　2. D　　3. B

三、简答题

略

学习单元 4

跷脚牛肉概述

一、跷脚牛肉的起源和发展

跷脚牛肉（见图1-7）就是指牛杂汤，因食客在食用牛杂汤时跷脚而得名。跷脚牛肉的制作关键是将牛肉、牛肠、牛肚、牛尾、牛蹄、牛鞭入牛骨汤烧沸，入牛舌、牛肝、牛黄喉、牛心、牛腰、牛脊髓烫至断生，倒入汤锅（或装碗），撒上芹菜、香菜，食用时配上辣椒粉味碟。

牛肉、牛杂富含优质蛋白质、铁、铜，以及维生素A、维生素B、维生素C等，具有补中益气、增长肌肉、提高免疫力等作用。

图1-7　跷脚牛肉

二、跷脚牛肉的制作创新

1. 味型创新

跷脚牛肉味道鲜美，主要靠各种中药材来压腥提味。按照国家卫生健康委、国家市场监管总局有关药食同源的要求，跷脚牛肉制作在中药材选取和使用方面要求严格，一方面要保证传统味型的正宗性，另一方面要确保食品的健康安全性。另外，在味碟配备方面，根据食客需求，也从传统的只有干辣椒粉，向红油辣椒粉、果酱等不同类型增加配置。

2. 原料创新

跷脚牛肉传统食材主要是牛内脏，随着时代的发展和食材的丰富，目前的跷脚牛肉选材十分广泛，除了牛内脏外，还选用牛肉和其他畜类食材等。

3. 牛肉制作衍生系列

（1）全牛席。全牛席是由跷脚牛肉创新出来的火锅模式，并不是传统意义上的全牛宴。全牛宴是以牛肚、牛肉、牛排、牛心等为主料，做成不同风味的菜品，有炒菜模式和火锅模式。

在乐山市苏稽镇，全牛席的做法是把牛身上不同的部位搭配以不同的食材，用不同的制作方法做成满满一桌的牛肉宴席。顾客在就餐时，一般都会引发"这是哪个部位"的好奇争论，饭桌上充满趣味性。

（2）其他菜品。其他菜品主要有鲜烧牛肉和火爆系列等。鲜烧牛肉属于乐山的一道名菜，主料是将新鲜牛肉用高压锅煮制成熟，通常为麻辣口味，如图1-8所示。火爆系列主要有火爆脆肠、火爆牛肝、火爆胸膘等菜品。

图1-8 鲜烧牛肉

三、跷脚牛肉未来发展方向

1. 预制菜方向

乐山味道嘉州菜的产业化、规模化、标准化是未来乐山美食的发展方向。跷脚牛肉要走向全国、飘香海外，通过工业化生产预制成取拿方便、生态有机、简单快捷的成品或半成品是未来乐山味道走得更远的重要发展方向。

2. 料理包方向

料理包是指做一道菜要添加的辅料包，而主食里的肉类和蔬菜需要另外采购。超市中可以看到的很多钵钵鸡辅料、跷脚牛肉辅料、酸菜鱼辅料、水煮鱼辅料等都属于料理包。料理包的诞生极大地方便了菜肴制作，跷脚牛肉料理包前景广阔，它的优势主要表现在以下两个方面。

（1）从保质期来看，料理包的保质期通常在 10 个月以上，食材成本较低。

（2）从实用性来看，料理包在有使用需求时加热，通常只需要 30 s 菜肴就能食用，不但口味统一，而且操作简单。

测试题

一、判断题（将判断结果填入括号中，正确的请打"√"，错误的请打"×"）

1. 跷脚牛肉的食材只能用牛内脏。　　　　　　　　　　　　　　　（　　）
2. 在乐山市苏稽镇，全牛席的做法是将牛身上不同的部位搭配以不同的食材，用不同制作方法做成满满一桌牛肉宴席。　　　　　　　　　　　　　（　　）
3. 跷脚牛肉要走向全国、飘香海外，预制菜是未来发展方向。　　　（　　）

二、单项选择题（选择一个正确的答案，将相应的字母填入题内括号中）

1. 跷脚牛肉就是（　　）。

    A. 鲜烧牛肉　　　　　　　　B. 红烧牛肉
    C. 牛杂汤　　　　　　　　　D. 干锅牛肉

2. 鲜烧牛肉通常为（　　）口味。

    A. 红油　　　　　　　　　　B. 麻辣
    C. 藤椒　　　　　　　　　　D. 家常

3. 从保质期来看，料理包的保质期通常为（　　）个月以上，食材成本较低。

    A. 3　　　　　B. 6　　　　　C. 10　　　　　D. 8

三、简答题

1. 简述跷脚牛肉的制作创新。
2. 简述跷脚牛肉未来发展方向。

测试题参考答案

一、判断题

1. ×   2. √   3. √

二、单项选择题

1. C   2. B   3. C

三、简答题

略

培训任务 2

原料品质检验与保管

学习单元 1

原料品质检验

一、原料品质检验的意义

原料品质检验就是运用一定的检验手段和方法，对原料质量进行检验。原料是菜品的基础，原料品质直接影响菜品质量，因此原料品质检验有至关重要的意义。

以跷脚牛肉的制作过程为例，第一步就是选择原料。跷脚牛肉原料比较单一，主要来源于牛，但牛的品种较多，品质特点也存在差异，只有进行品质检验，才能优胜劣汰，选出优质的原料，保证菜品的质量。

二、原料选择的基本要求

1. 品种

不同产地的原料有不同的品质和特性，每个地方都有特产、地理标志性产品等。同一类别原料的品种不同，品质特点也会有差异，其应用也不尽相同。如畜类中的牛，按品种可分为黄牛、牦牛、水牛等，按生长期可分为犊牛、老牛等。牛的品种或生长时间不同，烹饪方式也不相同。在跷脚牛肉制作中，大多使用黄牛，而且以老牛为主要原料。熟悉原料的品种差异，有利于选择适当的原料，制作出更好的菜肴。

2. 上市季节

很多原料由于生长期的关系，在不同的季节质量不一样。熟悉原料的上市季节，便于适时选择原料。但随着现代农业技术的发展，有的原料一年四季均有，只有野生原料才存在季节性。

3. 部位

同一种原料不同部位的品质不同，特性有差异，口味或口感也有差异。只有熟悉原料的部位差异，才能够物尽其用，保证菜品的质量。

4. 产地

原料的生长受一定自然条件的影响，同一种原料如果产地不同，可能特性差异很大。例如，四川本地的黄牛和高原地区的牦牛在喂养方式、气候环境的不同下肉质有差异；辣椒在全国多个地方均有栽培，但辣味差异很大。

三、原料品质检验的依据和标准

1. 原料的固有品质

原料的固有品质是指原料特有的质地、色泽、香气、滋味、形态等感观品质特征，以及营养物质、化学成分、组织特征等内部品质特征。原料的固有品质与原料的产地、上市季节、品种、食用部位、栽培或饲养条件等有关。

2. 原料的成熟程度

成熟适当的原料能充分体现原料特有的内在品质。烹调中所指的成熟是指适合食用的成熟程度，而非动植物的生理成熟程度。判断成熟程度的标准与原料的饲养或栽培时间、上市季节有密切的关系，同时还要考虑菜肴对成熟程度的要求。

3. 原料的新鲜程度

原料的新鲜程度主要是指植物类原料从采摘到餐桌、动物类原料从宰杀至餐桌，以及其他食物原料从收货到餐桌的时间，时间越短新鲜程度越好。随着加工工序的增加、储存时间的延长，以及运输过程耗时的增加，食物的营养成分会慢慢损耗。不同原料有不同的新鲜程度测定指标，带包装的食物可以通过生产日期及保质期来衡量其新鲜程度。

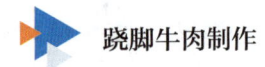

4. 原料的清洁卫生程度

原料必须符合国家规定的食品卫生标准。凡是腐烂、变质、污染，或含有毒物质、病菌、病毒、寄生虫等的原料都不符合食品卫生标准，不能食用。

四、原料品质检验的方法

1. 感官检验

感官检验就是检验者运用自己的感觉器官，通过视觉、嗅觉、味觉、听觉、触觉等对原料进行检验。感官检验主要鉴定原料的形态、色泽、外表结构、气味、滋味、弹性、韧性、硬度等方面的情况，是一种简便、有效的检验方法。

2. 理化检验

理化检验是利用专门的仪器设备和化学药剂等对原料进行检验。理化检验必须具备一定的场所、仪器等。这种检验方法能精确地分析食物的成分和性质，对原料的品质做出准确的检验，还能查明原料变质的原因。

3. 微生物检验

运用显微镜对原料进行微生物检验，可以鉴定原料是否被污染，判断是否存在病菌、寄生虫等。

五、畜类原料的检验标准

畜类原料的检验依据为《食品安全国家标准 鲜（冻）畜、禽产品》（GB 2707—2016），屠宰前的牲畜应经动物卫生监督机构检疫检验合格，屠宰后的畜类原料感官要求见表 2-1。畜类原料理化指标见表 2-2。

表 2-1　　　　　　　　　畜类原料感官要求

项目	要求	检验方法
色泽	具有产品应有的色泽	取适量试样置于洁净的白色盘（瓷盘或同类容器）中，在自然光下观察色泽和状态，闻其气味
气味	具有产品应有的气味，无异味	
状态	具有产品应有的状态，无正常视力可见外来异物	

表 2-2　　　　　　　　　畜类原料理化指标

项目	指标 /（mg/100 g）	检验方法
挥发性盐基氮	≤15	《食品安全国家标准　食品中挥发性盐基氮的测定》（GB 5009.228—2016）

此外，牛内脏的污染物限量应符合《食品安全国家标准　食品中污染物限量》（GB 2762—2022）中畜内脏的相关要求，除畜内脏以外产品的污染物限量应符合《食品安全国家标准　食品中污染物限量》（GB 2762—2022）中畜肉的要求。农药残留量应符合《食品安全国家标准　食品中农药最大残留限量》（GB 2763—2021）的要求。兽药残留量应符合国家有关规定和公告的要求。

1. 牛肉的品质检验

新鲜的牛肉肌肉色泽鲜红有光泽，脂肪呈洁白或淡黄色，肉质摸起来不粘手、有弹性，气味正常，如图 2-1 所示。反之，不新鲜的牛肉肌肉色稍暗，用刀切开截面尚有光泽，脂肪缺乏光泽，肉质摸起来外表干燥或粘手、无弹性，牛肉稍有氨味或酸味。

图 2-1　新鲜的牛肉

2. 牛舌的品质检验

新鲜的牛舌颜色比较鲜艳，摸起来没有黏液、不粘手，有一定的牛膻味，如图 2-2 所示。反之，不新鲜的牛舌闻起来有一股氨味和酸味，颜色暗红发紫，表面没有光泽，触摸起来干燥或粘手。

图 2-2　新鲜的牛舌

3. 牛肚的品质检验

新鲜的牛肚外表色泽鲜艳，有光泽、有弹性，无异味，如图2-3所示。反之，不新鲜的牛肚外表呈暗褐色、泛黄或发黑，表面黏稠，无弹性，有刺鼻或腐臭气味。

图2-3　新鲜的牛肚

4. 牛肝的品质检验

新鲜的牛肝外表色泽深红、质地饱满、有弹性，气味清香、无异味，如图2-4所示。反之，不新鲜的牛肝外表色泽呈浅粉色或灰色，质地松散、不结实，有较重的腥臭味。

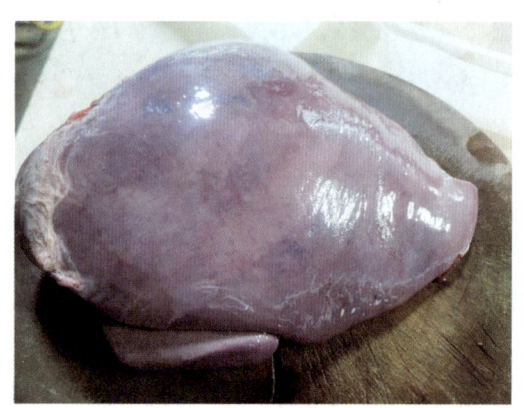

图2-4　新鲜的牛肝

5. 牛蹄的品质检验

新鲜的牛蹄色泽白亮、有光泽，质地紧密、富有弹性、无异味，如图2-5所示。反之，不新鲜的牛蹄呈黄色，质地松软，没有弹性，有较重的腥臭味。

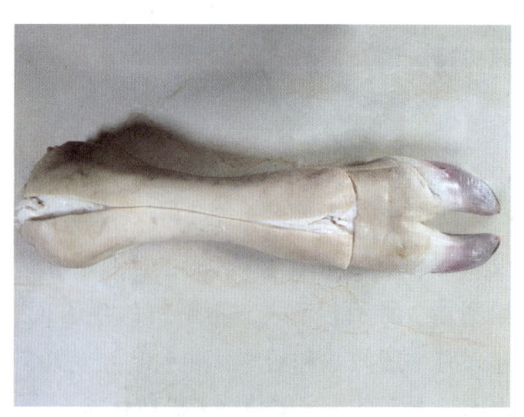

图2-5　新鲜的牛蹄

6. 牛肠的品质检验

新鲜的牛肠质地稍软，表面呈乳白色、有黏液，略有硬度，湿度较大，无伤斑、无变质异味、无脓色，且不带杂质。反之，不新鲜的牛肠表面色泽呈淡绿色或灰绿色、组织软、无韧性、易断裂，具有恶臭味。

7. 牛尾的品质检验

新鲜的牛尾表面干燥，肉质紧实有弹性，断面脂肪呈奶白色，肌肉呈深红色，无异味，如图 2-6 所示。反之，不新鲜的牛尾呈暗红色或灰绿色，表面黏稠、肉质松弛、有异味。

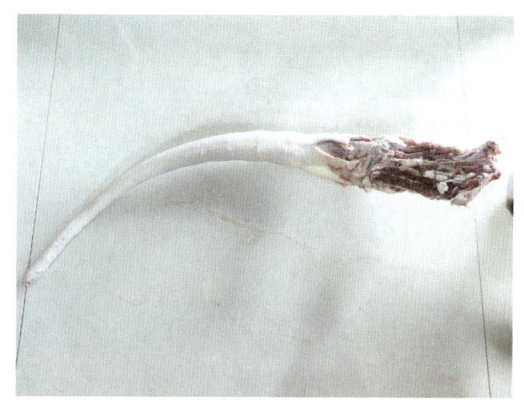

图 2-6 新鲜的牛尾

测试题

一、判断题（将判断结果填入括号中，正确的请打"√"，错误的请打"×"）

1. 感官检验的方法只有视觉检验、听觉检验、味觉检验、感觉检验。（   ）
2. 原料品质检验的方法有感官检验、微生物检验、理化检验等。（   ）
3. 理化检验必须具备一定的场所、仪器等。（   ）
4. 原料品质检验就是运用一定的检验手段和方法，对原料质量进行检验。（   ）

二、单项选择题（选择一个正确的答案，将相应的字母填入题内括号中）

1. 原料的固有品质不包括原料的（   ）。
   A. 营养价值　　　　　　　　B. 质地
   C. 味感　　　　　　　　　　D. 包装

2. （   ）是指利用仪器设备和化学试剂对原料的品质进行检验。
   A. 理化检验　　　　　　　　B. 生物检验
   C. 感官检验　　　　　　　　D. 化学检验

三、简答题

1. 简述原料品质检验的意义。
2. 简述原料选择的基本要求。

测试题参考答案

一、判断题

1. ×   2. √   3. √   4. √

二、单项选择题

1. D   2. A

三、简答题

略

学习单元 2

原料保管

一、原料保管的意义

原料保管就是根据原料在储藏过程中质量变化的规律，采取一定的方法和措施来延缓原料的变化，从而保持其固有的新鲜品质。

影响原料质量的因素有原料自身的因素，如植物类原料的呼吸作用、后熟作用、发芽抽薹等，动物类原料的僵直、成熟、自溶、腐败等。影响原料质量的因素也有外界因素，如物理因素（温度、湿度等）和化学因素（氧化、还原、化合、分解等），还有生物因素（微生物、昆虫等）。因此，原料的保管就是要根据不同原料的特性，利用不同的方法来延缓原料由于自身或外界因素的影响而发生的质量变化。

二、原料的常用保存方法

1. 低温保存法

低温保存法分为冷藏保存法和冷冻保存法，主要利用低温来抑制微生物和酶的活动，以达到延缓原料变质的目的。短时间的冷藏一般温度控制在 0～4 ℃，长时间的冷冻一般温度控制在 -18 ℃以下，这是原料最常用的保存方法。

2. 活养保存法

活养保存法是指购进某些活体动物类原料后，为了随时取用而进行较短时间的活养。例如，鱼、虾等通过一段时间的活养，可使其泥土味消失，味道更加鲜美，肌肉更加紧实；家禽等通过活养，可使其肉质肥嫩，质量更好。

3. 脱水保存法

脱水保存法又称干燥保存法，通过减少原料所含的水分，抑制酶的活动和微生物的生长繁殖，以达到保存原料的目的。木耳、腐竹、豆腐皮等一些用量大但不易新鲜保存的原料一般使用脱水保存法。

4. 密封保存法

将原料严密封存在容器内，使其与空气隔绝，以防污染和氧化。例如，在豆瓣酱上倒一层熟花生油，可隔绝空气，使细菌不易生长。密封保存法适用于一些需要保鲜的原料。

5. 高温灭菌保存法

高温灭菌保存法利用高温杀灭原料中的微生物和破坏原料本身所含的各种酶，使原料便于保存。高温灭菌可以使用炸、烤、熏、煮等烹调方法，但要长期保存还要结合密封、真空包装等方法。

6. 腌制保存法

腌制保存法主要有盐腌和糖渍保存法。盐腌和糖渍保存法主要利用较高浓度的盐或糖溶液来抑制微生物的生长，适用于保存蔬果类原料。

7. 烟熏保存法

烟熏保存法是将烟中的微量酚类、醛类等物质覆盖于食物表面，起到防腐的作用，另外在熏制过程中食物会脱水，从而能较长时间保存。但是，在此方法的加工过程中要注意防止3,4-苯并芘等有毒物质的污染。

8. 其他保存方法

（1）辐照保存法。利用放射性元素的穿透力，以极微的射线照射原料，杀灭微生物及昆虫，使促进生化变化的酶失去活力，从而终止原料被侵蚀或生长老化的过程，以维持品质稳定。例如，土豆、大蒜等原料可使用这种保存方法。

（2）气调保存法。改变原料储存环境中的气体组成，以达到减缓原料变质的过程。

气调保存法适用于新鲜蔬果。

>  **特别提示**
>
> ### 原料保存方法选择
>
> 1. 蔬果类、鲜蛋类原料一般使用低温保存法，保存温度为0~4 ℃。
> 2. 畜禽类原料短时间保存时一般使用冷藏保鲜法（0~4 ℃），长时间保存时使用冷冻保存法（-18 ℃以下）。
> 3. 跷脚牛肉预制好待销售的食材使用开放式低温保存，如图2-7所示。
>
>
>
> 图2-7　跷脚牛肉食材开放式低温保存

三、原料保管的注意事项

1. 在操作中随时对原料进行清点，及时处理库存。
2. 使用原料遵循先进先出原则，定期进行盘存。

测试题

一、判断题（将判断结果填入括号中，正确的请打"√"，错误的请打"×"）

1. 低温保存法分为冷藏保存法和冷冻保存法。　　　　　　　　　　（　　　）

2. 脱水保存法通过减少原料所含的水分，抑制酶的活动和微生物的生长繁殖，以达到保存原料的目的。（　　）

二、单项选择题（选择一个正确的答案，将相应的字母填入题内括号中）

1. 改变原料储存环境中的气体组成，以达到减缓原料变质的过程来保存原料的方法是（　　）。

A. 烟熏保存法　　　B. 辐照保存法　　　C. 密封保存法　　　D. 气调保存法

2. 冷冻保存温度一般在（　　）℃以下。

A. –18　　　　　　B. –5　　　　　　C. –13　　　　　　D. –10

3. 采取冷冻或冷藏的方法保存原料的保存方法是（　　）。

A. 冷冻保存法　　　B. 冷藏保存法　　　C. 低温保存法　　　D. 高温保存法

三、简答题

1. 简述原料保管的意义。
2. 简述原料的常用保存方法。

测试题参考答案

一、判断题

1. √　　2. √

二、单项选择题

1. D　　2. A　　3. C

三、简答题

略

培训任务 3

原料选择

学习单元 1

主料选择和分档

一、牛肉的营养价值与种类

牛肉味甘、性平，补中益气，滋养脾胃，强健筋骨，生血强壮，适于气短体虚、筋骨酸软、贫血久病、面黄目眩之人食用。日常生活中人们常食用的牛肉有牦牛肉、黄牛肉、水牛肉等，因牛的生长环境、喂养方式不同，肉质各有差异。

在食用牛肉中，牦牛肉的肉质最好，其肌肉发达，肌肉组织较紧密，色紫红，肌间脂肪较多，肉质柔嫩，风味好。

黄牛肉的肌肉纤维较细，组织紧密，色深红近紫红，肌间脂肪分布较均匀，肉质细嫩鲜香，经酱卤冷却后收缩成较坚硬的团块，肉质仅次于牦牛肉。

水牛肉的肌肉发达，纤维粗，组织不紧密，色暗红，肌间脂肪含量少，卤煮后不易收缩成块，切时易碎，食时虽有鲜香味，却稍有膻臊味，肉质较差。

二、牛肉的部位分档

原料的部位分档是指对宰杀后的整只牲畜原料按照菜肴的制作要求，依照其肌肉组织的不同部位、不同肉质分开档次。各部位牛肉如图 3-1 所示。

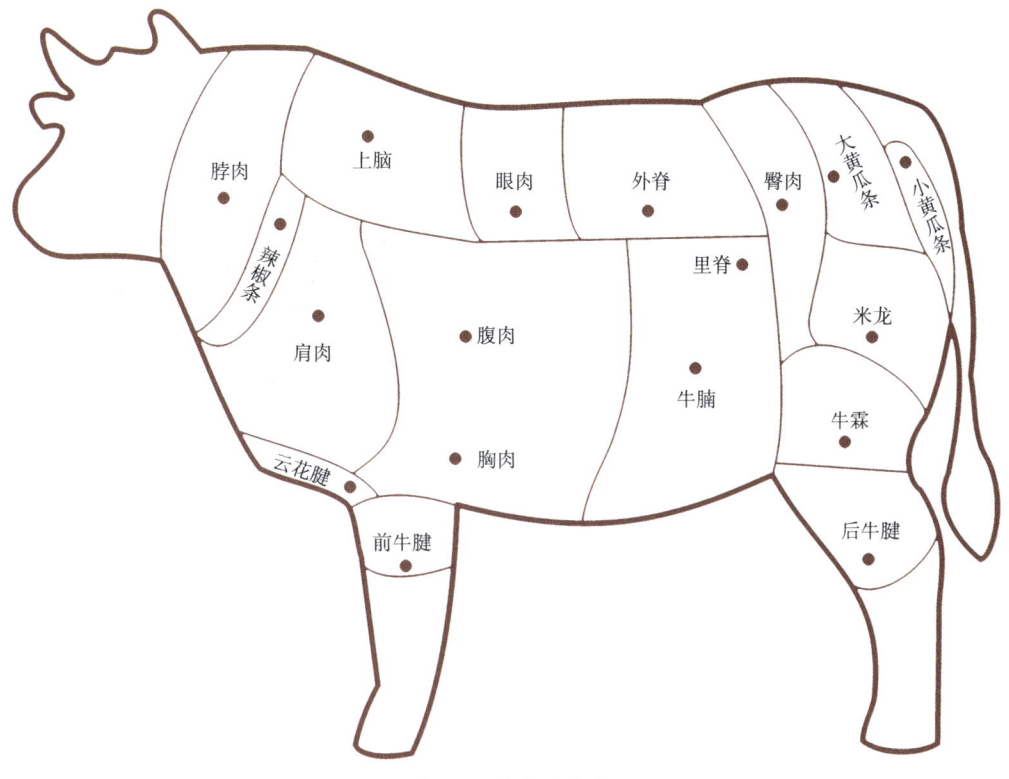

图 3-1　各部位牛肉

1. 上脑

上脑是牛后颈部位的肉，位于肩部上侧，脊骨两侧，肋条前。上脑肉肥瘦交错，比例较均匀，其外层红白相间、韧性较强，里层色红如里脊，质地较嫩，如图 3-2 所示。上脑适于熘、炒等。

2. 外脊

外脊又称西冷，位于牛的背部，因运动量较少而肉质较嫩，如图 3-3 所示。外脊适于煎、涮等，是制作牛排的上等原料。

图 3-2　上脑

3. 里脊

里脊又称牛柳，位于腔体内，是整头牛身上肉质最细嫩的部位，纤维走向一致，如图 3-4 所示。里脊适于煎、涮等，是制作牛排的上等原料，经过腌制处理非常适合制作跷脚牛肉中的嫩牛肉。

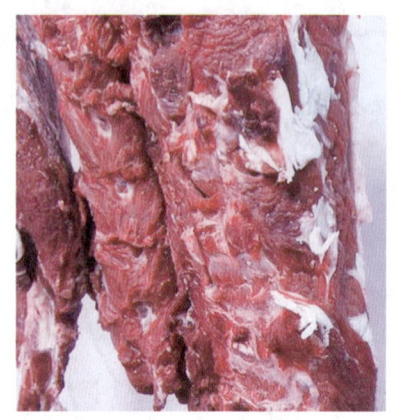

图 3-3　外脊

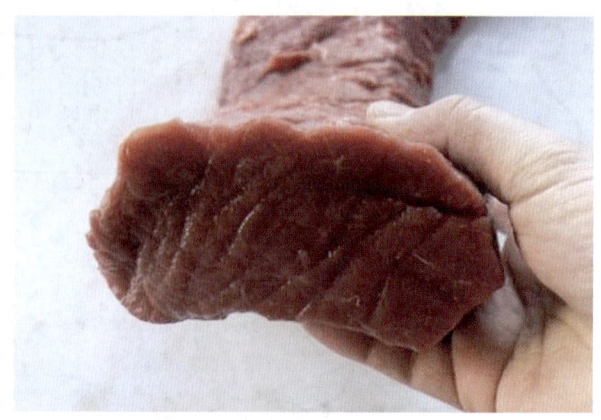

图 3-4　里脊

4. 臀肉

臀肉是外脊后方位于牛的后腿部上方的一块净肉,其肌肉纤维较粗大,如图 3-5 所示。牛臀肉适于炒、烫、涮,经过腌制处理可用于制作跷脚牛肉中的嫩牛肉。

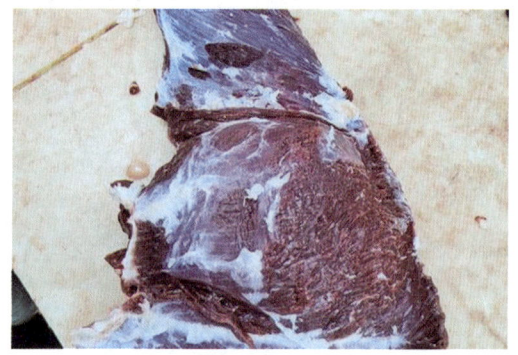

图 3-5　臀肉

5. 腹肉

腹肉主要包括背阔肌、腹外斜肌、肋间外肌等。腹肉是沿第 1 至第 13 肋骨处切开,再将第 13 肋骨留痕切开后,含第 1 至第 13 肋骨留痕的一块净肉。腹肉位于牛腹部,肥瘦相间,肌肉纤维较粗,肉质稍韧,如图 3-6 所示。腹肉适于炖制。腹肉去除表面肋条部分后适于熘炒,是制作跷脚牛肉中肥牛的最佳选择。

图 3-6　腹肉

6. 牛霖

牛霖又称膝圆，位于牛的后腿部膝盖骨上方，表面有一层薄筋膜，肉质细嫩，如图3-7所示。牛霖带筋适于熘炒，去除筋膜后适于做精肉牛排，也非常适合制作跷脚牛肉中的嫩牛肉。

图 3-7　牛霖

7. 胸肉

胸肉位于牛前胸部，纤维稍粗，表面纹理多，并有一定的脂肪覆盖，如图3-8所示。胸肉煮熟后脆而嫩、肥而不腻，适于炖、烫、涮。

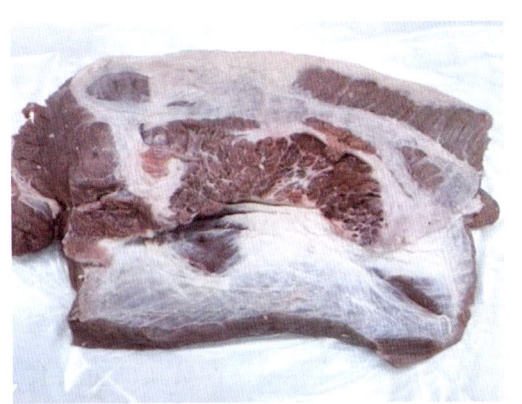

图 3-8　胸肉

8. 牛尾

牛尾有奶白色的脂肪和深红色的肉，肉和骨头的比例大致为1∶1，如图3-9所示。牛尾宜炖食。

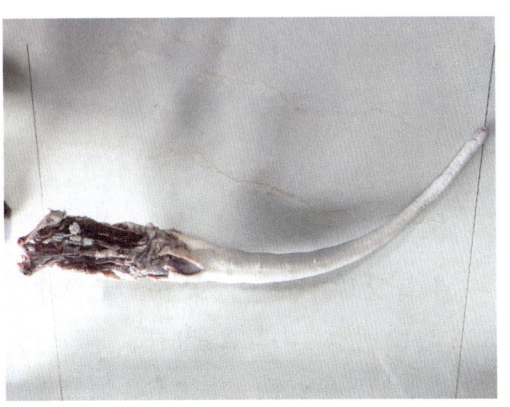

图 3-9　牛尾

三、牛内脏的结构及营养价值

作为制作跷脚牛肉的重要原料，牛内脏营养丰富，有食疗作用，呼应了中医"以脏补脏"之说。

1. 牛胃

牛胃为反刍胃，又称多室胃、复胃。牛胃构造复杂，由瘤胃、网胃、瓣胃、皱胃组成。牛的瘤胃和网胃中肌肉较厚实的部位称为牛肚领。牛的瓣胃称为牛百叶，如图3-10所示。牛胃含蛋白质、脂肪、钙、磷、铁、维生素B、烟酸等，具有补中益气、养脾胃、解毒的作用。牛百叶是制作跷脚牛肉的常用原料。

图3-10 牛百叶

2. 牛肝

牛肝如图3-11所示，其中粉肝、面肝质量上乘，质均软且嫩，手指稍用力可插入切开，做熟后味鲜、柔嫩。牛肝含蛋白质、钙、磷、铜、维生素B及多种酶，是调理营养不良性贫血的重要食材，具有补肝明目的功能。

图3-11 牛肝

3. 牛肾

牛肾又称牛腰子，柔软、无异味，如图3-12所示。牛肾含蛋白质、碳水化合物、脂肪、磷、铁、维生素、烟酸等，能益精、补益、祛湿。

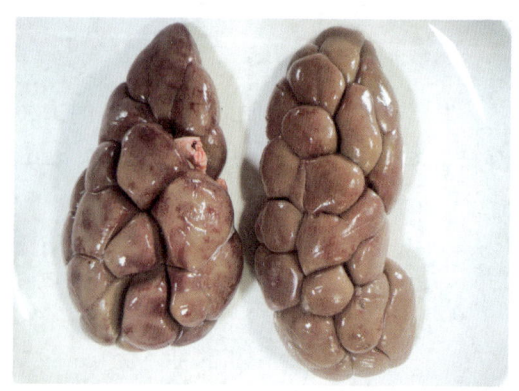

图3-12 牛肾

4. 牛心

牛心的心肌呈红色或淡红色,脂肪呈乳白色或微带红色,心肌结实而有弹性,无异味,如图3-13所示。牛心含有蛋白质、脂肪、钙、磷、铁、维生素等,对加强心肌营养、增强心肌收缩力有很强的功效。

图3-13 牛心

5. 牛肺

牛肺色泽鲜红,紧实有弹性,无异味。牛肺含有蛋白质、铁、磷、铜等,能益肺、补血、益气。

6. 牛黄喉

牛黄喉是牛的大血管,一般为主动脉,呈暖黄色,较硬,口感醇厚。

7. 牛肠

牛肠是指牛大肠,外观看上去比较粗劣,富有弹性,颜色较淡。牛肠含有蛋白质、维生素、脂肪、矿物质等,能增加抵抗力和免疫力,还能促进身体发育。

8. 牛脆肠

牛脆肠是母牛的卵巢和输卵管,色白,带血丝,柔软,无异味。

9. 牛鞭

牛鞭是公牛的生殖器,色白,柔软有韧性,无异味。

10. 牛脑花

牛脑花是牛的大脑,色白,带血丝,细嫩,无异味。

11. 牛脊髓

牛脊髓色白,带血丝,细嫩,无异味。

 跷脚牛肉制作

🦋 操作技能

跷脚牛肉主料选择

操作准备

准备牛肉、牛内脏等。

操作步骤

步骤1 跷脚牛肉烫制嫩牛肉时应选择里脊、牛霖、臀肉等嫩牛肉，如图3-14所示。

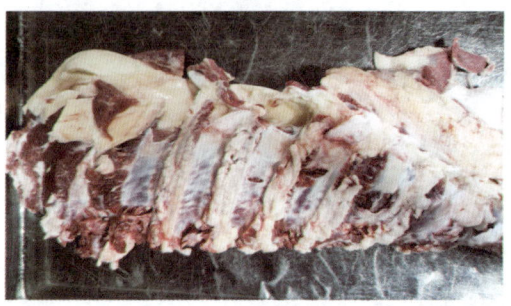

图3-14 嫩牛肉

步骤2 跷脚牛肉烫制肥牛时应选择制作成肉片或肉卷的腹肉，如图3-15所示。

图3-15 肥牛

步骤3 跷脚牛肉烫制牛百叶时应选择牛瓣胃，如图3-16所示。

图3-16 牛百叶

测试题

一、判断题（将判断结果填入括号中，正确的请打"√"，错误的请打"×"）

1. 黄牛肉一般呈棕红色、暗红色或黄色。　　　　　　　　　　　　（　　）
2. 牛的瓣胃是跷脚牛肉的常用原料。　　　　　　　　　　　　　　（　　）

二、单项选择题（选择一个正确的答案，将相应的字母填入题内括号中）

1. 在食用牛肉中（　　）的肉质最好。
   A. 黄牛肉　　　　B. 水牛肉　　　　C. 牦牛肉　　　　D. 乳牛肉
2. 煮熟后脆而嫩、肥而不腻，适于炖、烫、涮的牛肉部位是（　　）。
   A. 牛腱　　　　　B. 胸肉　　　　　C. 肋条　　　　　D. 黄瓜条
3. 适合制作跷脚牛肉中嫩牛肉的是（　　）、牛霖和臀肉。
   A. 里脊　　　　　B. 外脊　　　　　C. 腹肉　　　　　D. 胸肉

三、简答题

1. 简述牦牛肉的品质特点。
2. 简述黄牛肉的品质特点。
3. 简述牛肾的营养价值。

测试题参考答案

一、判断题

1. ×　　2. √

二、单项选择题

1. C　　2. B　　3. A

三、简答题

略

学习单元 2

辅料选择

植物类原料中含有丰富的营养成分,特别是维生素、矿物质等,对于维持人体的酸碱平衡起相当重要的作用。

我国植物类原料栽培历史悠久,品种繁多,产量丰富,品质优良。随着农业科学技术的发展,特色蔬菜、观赏蔬菜等新品种不断涌现,有的蔬菜已无明显的产地、季节之分,加之先进快捷的运输,使市场上的蔬菜品种更加丰富。

植物类原料通常指可以用来制作菜肴和面点馅心的植物,包括部分种子植物、少数木本植物,以及孢子植物中的部分菌类、藻类、地衣类、蕨类等,还包括上述植物类原料的制品。

一、植物类原料的营养成分

植物类原料的营养成分主要有水、矿物质、维生素等。植物类原料中含量最多的就是水,大多数蔬菜含水量在65%~90%。含水量是判断蔬菜质量的重要指标。

蔬菜中含量较高的元素是钙、磷、铁、钾等。白菜、芹菜、香菜、萝卜、海带等含钙量较高,比肉类、谷类、果品的钙含量高几倍甚至几十倍。蔬菜中含有较丰富的维生素C和维生素A原(类胡萝卜素)。蔬菜是供应人体所需维生素C的主要来源。

挥发油主要存在于某些具有芳香辛辣气味的蔬菜中,如大蒜、葱、姜、洋葱、芹菜等。蔬菜具有各种颜色的主要原因是其所含色素不同。蔬菜中的色素主要有叶绿素、类胡萝卜素、花青素。

二、植物类原料的种类及运用

1. 植物类原料的种类

植物类原料一般按食用部位进行分类，主要分为7类。

（1）叶菜类蔬菜，包括白菜类、香辛类及其他叶菜类蔬菜，如大白菜、空心菜、小白菜、油菜、芹菜、香菜、菠菜等。

（2）茎类蔬菜，包括地上茎类蔬菜、地下茎类蔬菜，如竹笋、芦笋、茭白、土豆、山药、荸荠、藕、洋葱、大蒜等。

（3）根类蔬菜，如胡萝卜、萝卜等。

（4）荚果类蔬菜，指以植物的果实或幼嫩的种子为食用部位的蔬菜，如黄瓜、冬瓜、茄子、番茄、四季豆、荷兰豆、豌豆等。

（5）花菜类蔬菜，如花椰菜、青花菜等。

（6）芽苗类蔬菜，如豌豆苗、萝卜苗、绿豆芽等。

（7）菌藻类蔬菜，如海带、裙带菜、海白菜、木耳、香菇等。

2. 植物类原料的运用

植物类原料在跷脚牛肉制作中非常重要。

（1）叶菜类蔬菜清洗干净，焯水后使用。因为叶菜中含有色素，因此在焯水时要放入少量的食用油使蔬菜保持原有的色泽。

（2）茎类蔬菜进行初步处理后刀工处理成片，焯水后使用。

（3）根类蔬菜刮去外皮后切片或条，焯水后使用。

（4）荚果类蔬菜使用较多，部分初步加工、刀工成形后直接使用，如黄瓜、甜椒；部分需要初步加工、刀工成形、焯水后使用，如四季豆、荷兰豆等。

（5）花菜类蔬菜需要先改刀成小块，再放入沸水锅中大火快速焯水，捞出放入凉水中凉透后使用。

（6）芽苗类蔬菜使用较少，一般只使用绿豆芽或黄豆芽，通常将豆芽放入沸水锅中大火快速焯水，捞出后放入凉水中凉透，扎成小把后使用。

（7）菌藻类蔬菜用量较多，鲜货通常是初步加工、改刀成形、焯水后使用，干货需要涨发、焯水后使用，带盐藻类、海带等要将盐渍清洗干净、刀工成形、焯水后使用。

三、植物类原料的选择要点

1. 叶菜类蔬菜

叶菜类蔬菜是指以植物肥嫩的叶片、叶柄为食用对象的蔬菜,其品种繁多,有的形态普通,如小白菜、菠菜、苋菜等,有的形体较大,且心叶抱合,如大白菜、结球甘蓝等。叶菜类蔬菜由于常含叶绿素、类胡萝卜素而呈现绿色、黄色,是人体无机盐及维生素A、维生素B、维生素C的主要来源。

(1)结球甘蓝(见图3-17)。结球甘蓝也叫莲花白、圆白菜、洋白菜、卷心菜等,一年四季都能收获,主要产地有广东、湖北、河南、四川等地。结球甘蓝富含优质蛋白质、纤维素、矿物质、维生素等。结球甘蓝具有清利湿热、散结止痛、益肾补虚的功效。结球甘蓝在跷脚牛肉制作中主要用作配菜。

图3-17 结球甘蓝

(2)葱。葱的品种较多,常分为大葱(见图3-18)、小葱(见图3-19)。大葱植株较高,假茎粗长,可作为蔬菜或调味品。小葱植株小,假茎细而短,分蘖力强,主要用于调味。葱与姜、蒜、干辣椒合称为"四辣"。葱在烹饪中可生食、调味、制馅心或作为菜肴的主配料。葱在跷脚牛肉制作中主要用于菜肴调味。

图3-18 大葱　　　　　　　　　　图3-19 小葱

（3）芹菜（见图3-20）。芹菜为伞形科一年生或二年生的草本蔬菜植物。依产地的不同，芹菜可分为本芹和洋芹。本芹原产于我国，根大，叶柄细长，香味浓，依叶柄的颜色可分为青芹、白芹，依生长环境可分为旱芹、水芹；洋芹原产于欧洲，根小，株高，叶柄宽而肥厚，实心，辛香味较淡，纤维素少，质地脆嫩。芹菜在烹饪中常用来炒、拌或制馅心，也可用于调味、菜肴装饰等。跷脚牛肉制作中主要使用本地白芹，用于增色增香。

图3-20　芹菜

（4）芫荽（见图3-21）。芫荽又称香菜、胡荽、香荽等，为伞形科一年生草本植物，有特殊浓郁香味，质地柔嫩，烹调中常用于蒸、烧等，是菜品中牛羊肉类菜的良好作料，也可用于凉拌、制馅心等。芫荽在跷脚牛肉制作中主要用于菜肴的调味。

图3-21　芫荽

2. 根类蔬菜

根类蔬菜是指以植物膨大的变态根作为食用部分的蔬菜。按照膨大的变态根发生部位不同，根类蔬菜可分为肉质直根蔬菜和肉质块根蔬菜两类。肉质直根蔬菜由植物的主根膨大而成，如萝卜、胡萝卜等；肉质块根蔬菜由植物的侧根膨大而成，如红薯等。肉质直根呈圆锥、圆球、长圆锥、扁圆等形状，根皮有白、绿、红、紫等色，味甜、微辣、稍带苦味。

跷脚牛肉制作使用到的根类蔬菜为白萝卜，是十字花科草本植物莱菔的根，如图3-22所示。白萝卜的品种繁多，按收获季节分为秋萝卜、夏萝卜、春萝卜和四季萝卜。

在烹调制作上，白萝卜的运用十分

图3-22　白萝卜

广泛，适于各种加工方法和任何调味，可单独制成主菜，也可与其他荤素原料搭配成菜，还可作为菜肴的装饰用料和雕刻原料。跷脚牛肉制作中白萝卜主要用作配菜。

3. 荚果类蔬菜

跷脚牛肉制作中主要使用的荚果类蔬菜为辣椒，又称海椒、番椒、大椒、辣子等，有许多品种和变种，果形多样。跷脚牛肉中使用的辣椒一般干燥后制成蘸料，因此一般选用香味和辣味较重的二荆条辣椒、七星椒、小米辣等。

（1）二荆条辣椒（见图3-23）。二荆条辣椒细长，椒尖有"J"形弯钩，外形美观，辣椒果皮和胎座中含有辣椒素，是辣味的来源。二荆条辣椒作为鲜菜食用时大都采收青果，采收时间在5月上旬至10月。红椒采收时间为7—9月。

（2）七星椒（见图3-24）。七星椒是较辣的辣椒，具有皮薄肉厚、色鲜味美、辣味醇厚等特点。

（3）小米辣（见图3-25）。小米辣的特点是个头较小、色泽一般、香味一般，但口味辛烈刺激，适合卤菜、炒菜、泡菜或制成辣椒粉、辣椒油等，被广泛运用。

图3-23　二荆条辣椒

图3-24　七星椒

图3-25　小米辣

测试题

一、判断题（将判断结果填入括号中，正确的请打"√"，错误的请打"×"）

1. 跷脚牛肉制作中主要使用本地白芹，用于增色增香。　　　　　　　　　（　　）

2. 芫荽又称香菜、胡荽、香葱等。　　　　　　　　　　　（　　）

3. 二荆条辣椒的红椒采收时间为 5—8 月。　　　　　　　（　　）

4. 萝卜按收获季节可分为春萝卜、秋萝卜、夏萝卜、四季萝卜。（　　）

二、单项选择题（选择一个正确的答案，将相应的字母填入题内括号中）

1. 芫荽又称（　　）。

A. 生菜　　　　　　B. 香菜　　　　　　C. 花菜　　　　　　D. 茴香菜

2. 跷脚牛肉蘸料中，辣椒应选择（　　）、七星椒、小米辣等。

A. 彩椒　　　　　　B. 二荆条辣椒　　　C. 甜椒　　　　　　D. 五色椒

三、简答题

1. 简述芹菜的特点和在跷脚牛肉制作中的运用。

2. 简述二荆条辣椒的特点和在跷脚牛肉制作中的运用。

测试题参考答案

一、判断题

1. √　　2. ×　　3. ×　　4. √

二、单项选择题

1. B　　2. B

三、简答题

略

学习单元 3

调味品选择

调味品是指在烹调过程中用于调和菜肴口味的原料，又称调料、调味料等。

一、调味品的作用

1. 改善滋味

许多食材原料本身无鲜香味，或者本身有腥、膻、臊等异味，用这样的原料制作菜肴时需要加入适当的调味品，使菜肴和汤料滋味变得鲜美。

2. 确定和突出菜肴口味

许多菜肴要求有特殊的滋味，这主要依靠加入适量的调味品来确定和突出。

3. 赋予菜肴色泽

一些作为调味品的辅助食材本身具有特殊的色泽，当制作菜肴时加入这些辅助食材可使菜肴呈现特有的色泽。

4. 增加营养

调味品含有一定的营养成分，虽然用量不大，但也能起到一定的作用。例如，豆瓣酱、甜面酱中含有较多的蛋白质；蜂蜜中含有多种营养成分，特别是葡萄糖和果糖含量较多。

二、常用基础调味品

1. 盐

盐（见图3-26）是咸味调味品中最主要、最基本的调味品。盐的主要成分是氯化钠。盐几乎能与所有味道相互搭配使用，被称为"百味之王"。

我国盐的资源很丰富，种类很多，按其产地类型分，可分为海盐、井盐、湖盐、矿盐等；按其加工精度分，可分为粗盐、精盐等。烹饪中盐多按加工精

图3-26 盐

度分类。盐在烹饪中的作用是使菜肴具有滋味、突出鲜味，另外还具有使蛋白质凝固、解腻、杀菌防腐的作用。在面点制作中，盐可以改善成品色泽、调节发酵速度。盐也可作为传热介质涨发某些干货原料。

2. 味精

味精是重要的鲜味调味品，它的主要成分是谷氨酸钠。味精可分为普通味精，特鲜味精、复合味精、营养强化味精四大类。

例如，鸡精是以谷氨酸钠、食用盐、鸡肉、鸡骨粉或其浓缩提取物、呈味核苷酸二钠为基本原料，添加或不添加香辛料或食用香料等增香剂，经混合、干燥加工而成，具有鸡的鲜味和香味的复合调味品。

3. 白糖

甜味调味品主要是以蔗糖等糖类为呈味物质的调味品。甜味在调味中有特殊的调和作用，如缓和辣味的刺激感，增加咸味的鲜醇，减轻菜肴的咸味、酸味、苦味等。

白糖（见图3-27）是主要的甜味调味品，以蔗糖为主要成分，是食糖中质量较好的一种。白糖以洁白晶亮、形如砂粒、颗粒均匀、质地坚硬、松散干燥、

图3-27 白糖

跷脚牛肉制作

无杂质、无异味为好。白糖能够使菜品的滋味甜美,是制作甜菜的主要调味品。

三、常用香料调味品

1. 胡椒

胡椒(见图 3-28)是胡椒科胡椒属植物胡椒的近成熟或成熟果实,晒干后作为香料调味品使用。胡椒的主要成分是胡椒碱,也含有一定量的芳香油、粗蛋白质、粗脂肪及可溶性氮,味辛、性热,能祛腥、解油腻、助消化。

图 3-28 胡椒

> **Tips 特别提示**
>
> **胡椒选择标准**
>
> 胡椒以大小均匀、外形饱满、色泽棕褐、有特殊香辣味、质地干燥、无霉味、无虫蚀为好。

2. 花椒

花椒(见图 3-29)又称川椒、蜀椒、点椒,是芸香科花椒属植物花椒的干燥成熟果实。花椒的香气很浓,主要来源于一些芳香的挥发性物质,烹调中可去腥味、去异味、增香味。花椒还有麻辣味,因此常用于麻辣味菜肴的制作。花椒还是椒盐、花椒油等调味品的主料,也是加工五香粉的重要原料之一。

图 3-29 花椒

> **Tips 特别提示**
>
> **花椒选择标准**
>
> 花椒以干燥、不含籽粒、大小均匀、外皮深红色、内部黄白色、香味浓、麻辣味足、无杂质、无枝干、无椒柄、无霉坏为好。

3. 八角

八角（见图3-30）又称茴香、八角茴香、大料等，是八角树的干燥果实，为著名的调味香料，味香甜，也供药用，有祛风理气、和胃调中的功能，可缓解中寒呕逆、腹部冷痛、胃部胀闷等。八角在烹饪中的运用广泛，是主要的香料之一，在炖、酱、焖、烧等烹调方法中都有应用。八角的主要作用是增香矫味、调节风味。八角还是制作五香粉的主要原料之一。

图3-30 八角

> **Tips 特别提示**
>
> **八角选择标准**
>
> 八角以棕红鲜艳、均匀八角形、干燥、饱满干裂、香味浓郁、无霉烂、无杂质、无破碎、脱壳籽粒少为好。莽草子与八角外形相似，有毒，不可以食用，选择八角时要注意区分。

4. 桂皮

桂皮（见图3-31）是樟科樟属植物天竺桂、阴香、细叶香桂、川桂等10余种桂树树皮的统称。桂皮因含有挥发油而香气馥郁，用于肉类菜肴制作时可祛腥解腻，使菜肴芳香可口，进而令人食欲大增。桂皮是酱制菜品的主要香料调味品之一，也是制作五香粉的原料之一，能增加菜肴香味，促进食欲。

图3-31　桂皮

 特别提示

桂皮选择标准

桂皮以香味浓、干燥、皮层厚薄均匀、淡棕色、表面有细纹、背面有光泽、油性大、无霉斑为好。

5. 香叶

香叶（见图3-32）又称月桂叶、香桂叶、桂叶等，味辛、性温，入药有祛风除湿、行气止痛、杀虫的功效。香叶含芳香油，味芬芳，但略有苦味，常用于腌制或浸渍食品，也用于炖菜等。

图3-32　香叶

 特别提示

香叶选择标准

香叶以叶片完整，能够在叶片上看到叶脉，叶边缘锯齿状，颜色灰绿色，闻着有清香味为好。

6. 山柰

山柰（见图3-33）又称广姜等，有散寒、祛湿、温脾胃的功效，也可作为调味香料。山柰不仅能去腥，还能提鲜增香，尤其适合用于各种肉类食材的烹调，也可用于配制卤汁，还可作为五香粉的配料。

图3-33 山柰

> **Tips 特别提示**
>
> **山柰选择标准**
>
> 山柰以外皮黄红色、切片色白有光、大小均匀、干燥芳香、无杂质、无霉烂为好。

7. 灵香草

灵香草（见图3-34）含醇、酮、脂、醚类芳香化合物，枝叶会发出怡人的香气，其根、茎、叶、花、果实及种子可供食用。灵香草有醒脑、提神的功效，作为调味品可以增添菜肴的色、香、味。

图3-34 灵香草

> **Tips 特别提示**
>
> **灵香草选择标准**
>
> 灵香草以香味浓、干燥、颜色翠绿、无烂叶、无霉斑为好。

8. 丁香

丁香（见图3-35）又称丁子香等。丁香是由常绿乔木丁香的干燥花蕾制成，呈棕黑色或暗棕色，短棒形。丁香的香味浓郁，味辛辣，常用作烹制风味菜肴、卤菜及酱腌菜的辅料，起增香去异味的作用。丁香味辛、性温，具有温中降逆、补肾助阳的作用。

图3-35　丁香

> **Tips 特别提示**
>
> **丁香选择标准**
>
> 丁香以芳香浓郁、大小均匀、粗壮质干、色棕红、油性大、无杂质、无霉变为好。

9. 小茴香

小茴香（见图3-36）又称谷茴香等，是伞形科植物茴香干燥成熟的果实。秋季果实初熟时采割植株，晒干，打下果实，除去杂质。小茴香味微甜、性温，有散寒止痛、理气和胃的功效，可作为香料，有特异香气。

图3-36　小茴香

> **Tips 特别提示**
>
> **小茴香选择标准**
>
> 小茴香以颜色偏土黄色或黄绿色、形状像稻谷状、粒大而长、质地饱满、鲜艳光亮、有浓浓的甘草香味、柄梗和杂质较少、干燥为好。

10. 香果

香果（见图3-37）是伞形科藁本属多年生草本植物川芎的根茎。川芎高40～60 cm，根茎发达，形成不规则的结节状拳形团块。川芎主要栽培于四川、云南、贵州、广西、湖北等地。

图3-37　香果

 特别提示

香果选择标准

香果以个大饱满、断面呈黄白色、油性大、香气浓为好。

11. 白芷

白芷（见图3-38）又称白茝、香白芷等，为伞形科当归属的植物，用作香料有去腥增香的作用，多用于食疗菜肴。

图3-38　白芷

 特别提示

白芷选择标准

白芷以颜色均匀、无霉点、无腐烂、无虫蛀、干燥、香气浓为好。

12. 木香

木香（见图3-39）又称广木香，是菊科植物云木香和川木香的根，表面黄棕色、灰褐色或棕褐色，有明显的纵沟及侧根痕，有时可见网状纹理。木香味辛、苦，性温，具有行气止痛、温中和胃的功效。

图3-39　木香

 特别提示

木香选择标准

木香以根条均匀、质地坚实、黄棕色、香气浓郁为好。

13. 砂仁

砂仁（见图3-40）是姜科豆蔻属植物阳春砂及缩砂的成熟果实。砂仁味辛、性温，有化湿开胃、温脾止泻、理气安胎的功效。

图3-40　砂仁

 特别提示

砂仁选择标准

砂仁以色泽正常、个头较大、坚实饱满、香气较浓、无虫蛀、搓之果皮不易脱落为好。

14. 荜茇

荜茇（见图3-41）圆柱形，表面黑褐色，断面微红，香特异。荜茇性辛、热，有温中散寒、下气止痛的功效。荜茇作为调味品有矫味增香的作用。荜茇含有胡椒碱、挥发油等成分，对白色及金黄色葡萄球菌、枯草杆菌、大肠杆菌、痢疾杆菌等有抑制作用，可调节胃肠运动、抗胃溃疡等。

图3-41 荜茇

> **Tips 特别提示**
>
> **荜茇选择标准**
>
> 荜茇以个大、色泽黑褐色或棕色、质硬而脆、无虫蛀、香气浓为好。

15. 豆蔻

豆蔻（见图3-42）分为草豆蔻和肉豆蔻，性辛温。豆蔻用作调味品，在烹调中多用于酱、卤等烹调方法，起增香味、去异味的作用。

图3-42 豆蔻

> **Tips 特别提示**
>
> **豆蔻选择标准**
>
> 豆蔻以饱满均匀、色泽白净、香气浓郁、干燥、无异味为好。

测试题

一、判断题（将判断结果填入括号中，正确的请打"√"，错误的请打"×"）

1. 八角又称茴香、八角茴香、大料等，是八角树的果实，为著名的调味香料，味香甜。（　　）
2. 桂皮学名柴桂，又称香桂，是桂树的根。（　　）
3. 香叶含芳香油，味芬芳，但略有甜味，常用于腌制或浸渍食品，也用于炖菜等。（　　）
4. 山柰以外皮黄红色、切片色白有光、大小均匀、干燥芳香、无杂质、无霉烂为好。（　　）

二、单项选择题（选择一个正确的答案，将相应的字母填入题内括号中）

1. 木香为菊科植物云木香和川木香的（　　）。
   A. 干　　　　B. 根　　　　C. 花　　　　D. 叶
2. 香果以个大饱满、断面呈（　　）、油性大、香气浓为好。
   A. 白色　　　B. 黄白色　　C. 深黄色　　D. 棕色

三、简答题

1. 简述盐的主要成分。
2. 简述味精的主要成分。

测试题参考答案

一、判断题

1. √　　2. ×　　3. √　　4. √

二、单项选择题

1. B　　2. B

三、简答题

略

培训任务 4

原料预处理

学习单元 1

原料初步加工

蔬菜、水产品、家禽、家畜等新鲜的未经过任何加工的原料，一般都不能直接用于烹调菜肴，必须根据菜肴的食用和烹调要求进行合理的初步加工处理。

原料初步加工是对动植物类原料进行宰杀、去皮、择洗、除污、去异味、洗涤、整理等，使之达到菜肴烹调的净料标准。

一、原料初步加工的基本要求

1. 加工方法要得当，确保菜肴质量

牛肉和牛内脏在初步加工时要选择恰当的加工方法，达到加工的目的，满足菜肴的要求。在初步加工中要做到不浪费，做好分档取料，使原料物尽其用。

2. 严把质量关，减少污染环节

牛肉和牛内脏按照质量要求进行分类初步加工，确保原料不受污染。初步加工后的原料要及时进行低温保存或及时使用，避免受污染。

3. 注意清洁卫生，保障食品安全

原料初步加工时按食品卫生要求加强卫生管理，做好厨师个人卫生，注意操作间卫生，保证原料卫生。

二、原料初步加工的方法

跷脚牛肉的主要原料为牛肉和牛内脏,辅料选用蔬菜类原料,主料和辅料的初步加工方法各不相同。

牛宰杀后分割内脏、四肢、头、尾等,清洗干净备用。牛内脏要除去不能食用部分,再进行除污、清洗等。原料冲洗干净后置入沸水锅中去除血污,捞出后冲洗干净即可。

1. 里外翻洗法

里外翻洗法主要适用于洗涤加工油脂、黏液、污物较多的牛肠、牛肚等内脏。将牛肠、牛肚上的污物、油脂去掉,将外面洗净后必须将其翻转过来洗里面,以达到清洁卫生的要求。

2. 盐醋搓洗法

盐醋搓洗法主要适用于洗涤加工油脂、黏液、污物较多的牛肠、牛肚等内脏。油脂去掉后加盐搓揉去除黏液,再加醋揉搓去除异味,最后用冷水冲洗。盐醋搓洗法一般与里外翻洗法结合进行,清洗至无黏液、无异味为止。

3. 刮剥洗涤法

刮剥洗涤法主要适用于去掉牛内脏原料表皮上的污垢、残毛和硬壳,以及去除原料表面的黏液和污物,具体方法是先刮除污垢,有白膜的要刮净白膜,有余毛的要用镊子拔掉或用刮刀刮净余毛,最后用水洗净。例如,牛舌表皮质地坚硬,需要用刀把表皮刮掉。

4. 冷水漂洗法

冷水漂洗法主要适用于洗涤细嫩且易碎的牛内脏原料,如牛脑花、牛肝、牛脊髓等。将原料置于冷水中漂洗,利用水的浮力使比重大的污物沉于水底,比重轻的污物浮于水面,去除原料中的污物从而达到清洁的目的。

5. 灌水冲洗法

灌水冲洗法主要适用于洗涤一些管腔类的原料,如牛肺、牛肠等内脏。将牛肺、牛肠等内脏套在水龙头上较长时间反复灌洗,达到清洁的目的。

 跷脚牛肉制作

🦋 操作技能

牛肠初步加工

操作准备

准备1段牛肠。

操作步骤

步骤1 将牛肠的一头固定在竹竿上，将竹竿穿入牛肠内，使牛肠全部套在竹竿上，将牛肠表面清洗干净。

步骤2 将牛肠内壁翻转出来。

步骤3 先加盐揉搓牛肠内壁，再加醋搓洗牛肠内壁，使污物与牛肠分离。

步骤4 用清水冲洗干净后再次加盐、醋搓洗并冲洗干净，反复2~3次，直至无黏液和杂质。

注意事项

牛肠上油脂较重的地方可用刀刮去。

牛百叶初步加工

操作准备

准备1个牛百叶等。

操作步骤

步骤1 将牛百叶表面杂质清洗干净。

步骤2 加盐、醋搓洗后用清水冲洗，反复2~3次，直至清洗干净。

步骤3 将牛百叶进行刀工处理后装盘备用。

注意事项

要准备新鲜的原料。

测试题

一、判断题（将判断结果填入括号中，正确的请打"√"，错误的请打"×"）

1. 原料初步加工是对动植物类原料进行宰杀、去皮、择洗、除污、去异味、洗涤、整理等，使之达到菜肴烹调的净料标准。（　　）
2. 里外翻洗法主要适用于家畜的肝、腰等内脏的洗涤加工。（　　）
3. 牛舌表皮质地坚硬，需要用刀把表皮刮掉。（　　）

二、单项选择题（选择一个正确的答案，将相应的字母填入题内括号中）

1. 适用盐醋搓洗法的原料有（　　）。
   A. 牛肚　　　　B. 牛舌　　　　C. 牛肝　　　　D. 牛蹄
2. 适用刮剥洗涤法的原料有（　　）。
   A. 牛排　　　　B. 牛舌　　　　C. 牛筋　　　　D. 牛肝
3. 牛肺灌洗适合用（　　）。
   A. 清水　　　　B. 盐水　　　　C. 苏打水　　　D. 热水

三、简答题

1. 简述内脏的清洗方法。
2. 简述跷脚牛肉原料加工的基本要求。

测试题参考答案

一、判断题

1. √　　2. ×　　3. √

二、单项选择题

1. A　　2. B　　3. A

三、简答题

略

学习单元 2

原料焯水

一、焯水的作用

焯水也称出水,就是把原料投入水锅中进行初步加热,使之成为半成品的初步熟处理方法。它是烹调中一道重要的工序,对菜肴的色、香、味起关键作用。焯水的应用范围较广,大部分蔬菜和带有腥膻气味的肉类原料都需要焯水。

1. 调整原料成熟时间

原料种类不同,其质感也不同,在烹饪加工时为了保证菜肴成熟程度一致,在正式烹调前会将原料进行初步熟处理。例如,"油爆三脆"中的猪肚、鸡胗、猪腰质地不同,鸡胗和猪腰相对于猪肚来说易成熟,因此在正式烹饪前需要将猪肚进行焯水使猪肚达到一定的成熟程度,然后与鸡胗、猪腰共同烹调,最终达到同时成熟的目的。

2. 去除原料异味

原料异味是指原料中的腥味、膻味、苦涩味等。动物内脏和肠类一般会通过焯水去污和去异味。一般是冷水下锅,让其随着水温的升高而把内部的血污及异物慢慢析出。如果沸水下锅,原料表面的蛋白质受热骤然凝固,其内部的异物不能完全析出,就会影响菜品质量。

3. 保持原料色泽

大多数蔬菜里面含有丰富的色素，如花青素、叶绿素、类胡萝卜素等，这些色素使蔬菜呈现鲜艳的色彩。在烹调过程中，很多色素会因高温或加热时间过长而被破坏。一些绿叶蔬菜在炒制时很容易发黄，就是因为其叶绿素被破坏。因此，在正式烹调前将绿叶蔬菜进行焯水，可使叶绿素分解酶失去活性，组织叶绿素发生转变，进而使蔬菜保持鲜艳的绿色。焯水过程中还可加入少量的色拉油，可以起到对蔬菜保色的作用。

4. 缩短烹饪时间

焯水后的原料达到正式烹调初步熟处理的要求，可以大大缩短正式烹调的时间。焯水对于要求在较短时间内迅速制成的菜肴显得更加重要。跷脚牛肉制作时，其原料大多是经过焯水处理的。

二、焯水的方法

焯水的方法一般有冷水锅焯料和热水锅焯料。跷脚牛肉原料中牛蹄、牛肠、牛肺、牛肚一般使用热水锅焯料，其方法是将水加热煮沸后放入原料，水要没过原料，直至将原料焯熟。牛尾、牛鞭等一般使用冷水锅焯料，其方法是将原料与冷水同时下锅，水要没过原料，然后烧开，目的是使原料成熟，便于进一步加工。

三、焯水的注意事项

1. 根据原料的质地掌握焯水时间

原料有老嫩、软韧之分，因此在焯水时应区别对待，分别控制焯水时间。体积大、质地老的原料，如牛蹄、牛尾等，焯水时间可长一些；体积小、质地嫩的原料，如牛肚等，焯水时间可短一些。根据原料质地选择焯水的方法，原料刀工成形要一致，保证原料的成熟程度一致。

2. 有特殊味道的原料分别处理

有些原料有特殊气味，如牛肉、羊肉、肠、芹菜、萝卜等。这些原料应该分开焯水，避免各种原料之间的异味渗透，避免影响原料的本味。如果使用同一锅水进行焯水，应先焯异味小的原料，再焯异味大的原料。这样既可以节省时间，又可以避免相互串味。

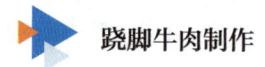
跷脚牛肉制作

3. 深色和浅色原料分开焯水

焯水时要注意原料间串色或加热后掉色的情况。一般颜色浅的原料不宜和颜色深的原料一起焯水,以免浅色的原料染上其他颜色影响原料质量。不同颜色的原料焯水完成后要分开存放,避免颜色污染。

四、常用原料的焯水

1. 牛蹄

锅中烧水,将牛蹄放入 70～80 ℃的热水中焯水,去除杂物和异味。焯水时要放足够的水,一般水量要没过牛蹄,否则牛蹄不易焯透,口感会有些黏滞。焯水时间一般为 5～10 min。焯水后先用冷水洗净,再将牛蹄放入锅中煮制。

2. 牛肠

锅中烧水,将牛肠放入 70～80 ℃的热水中焯水,去除杂物和异味。一般焯水时间为 5～8 min。焯水后先用冷水洗净,再将牛肠放入锅中煮制。

3. 牛肺

锅中烧水,将牛肺放入 50～60 ℃的热水中焯水,去除杂物和异味。一般焯水时间为 5～8 min。焯水后先用冷水洗净,再将牛肺放入锅中煮制。

4. 牛肚

锅中烧水,将牛肚放入 70～80 ℃的热水中焯水,去除杂物和异味。一般焯水时间为 5～10 min。焯水后用冷水洗净,再将牛肚放入锅中煮制。

5. 牛尾

锅中放入冷水,将牛尾放入冷水中慢慢加热进行焯水,焯水过程中撇去浮沫,中间加几次冷水,直到没有血沫漂浮。捞出牛尾控水后先用温水清洗干净,再放入锅中煮制。

6. 牛鞭

锅中放入冷水,将牛鞭放入冷水中慢慢加热进行焯水,焯水过程中撇去浮沫。一般焯水时间为 5 min 左右。牛鞭变硬即可捞出控水,用温水清洗干净后放入锅中煮制。

测试题

一、判断题（将判断结果填入括号中，正确的请打"√"，错误的请打"×"）

1. 焯水就是把原料投入水锅中进行初步加热，使之成为半成品的初步熟处理方法。（　　）
2. 牛肺放入90 ℃的热水中焯水，以去除杂物和异味。（　　）
3. 焯水可以调整烹饪原料的成熟时间。（　　）
4. 要根据烹饪原料的质地掌握好焯水的时间。（　　）

二、单项选择题（选择一个正确的答案，将相应的字母填入题内括号中）

1. 跷脚牛肉原料中牛蹄、牛肠、牛肺、牛肚一般使用（　　）锅焯料。
   A. 冷水　　　　B. 热水　　　　C. 温水　　　　D. 沸水

2. 牛尾、牛鞭一般使用（　　）锅焯料。
   A. 冷水　　　　B. 热水　　　　C. 温水　　　　D. 沸水

3. 锅中烧水，将牛蹄放入（　　）℃的热水中焯水。
   A. 50~60　　　B. 60~70　　　C. 70~80　　　D. 80~90

4. （　　）不是焯水的作用。
   A. 调整原料成熟时间　　　　B. 去除原料异味
   C. 保持原料色泽　　　　　　D. 延长烹饪时间

三、简答题

1. 简述焯水的意义。
2. 简述焯水的作用。
3. 简述不同原料的焯水时间。

测试题参考答案

一、判断题

1. √　　2. ×　　3. √　　4. √

二、单项选择题

1. B　　2. A　　3. C　　4. D

三、简答题

略

培训任务 5

原料加工工艺

学习单元 1

认识刀工

一、刀工的作用

1. 便于食用

绝大多数原料的形体较大，不便于直接烹饪和食用，需要经过刀工处理，进行分割，加工成丁、丝、片、块、条等，以便于食用。

2. 便于加热

中式烹调善于制作旺火速成的菜肴，即用旺火进行短时间加热制作菜肴。形体较大、较厚的原料不便于迅速加热制熟。原料经刀工处理将形体改小后，才适合快速加热、短时间成熟。

3. 便于调味

使用调味品调味时，形体大的原料难以入味，经刀工处理改小后的原料便于调味。

4. 美化菜肴

刀工对菜肴的形态和外观起着决定性的作用。经刀工处理后，原料可呈现出各种形态。整齐、均匀、多姿的刀工成形可增加菜肴的花色品种，达到美观与实用的效果。例如，在原料表面剞各种刀纹，加热后便会卷曲成各种美观的花纹，使菜肴的形态丰富多彩。

5. 丰富品种

运用各种刀工可以把不同质地、不同颜色的原料加工成不同的形状，再辅以拼、摆、镶、嵌、叠、卷、排、扎、酿、包等手法，即可制成造型优美、生动别致的菜肴。可见，菜肴数量、品种的丰富与刀工的运用是分不开的。

6. 改善质感

肉中纤维的粗细、结缔组织的多少、含水量等，都是影响动物类原料质地鲜嫩的内在因素。菜肴细嫩的口感，除了依靠相应的烹调方法，以及挂糊、上浆等预处理方法以外，也可通过机械力加以改变而获得。例如，运用刀工，如切、剞、捶、拍、剁等，将各种动物类原料加工处理成大小不同的形态，剞上花纹使纤维组织断裂或结缔组织解体，同时增大肉的表面积，从而使更多蛋白质的亲水基团暴露出来，增加肉的持水性，烹制后可达到肉质嫩化的效果。

二、刀的种类

1. 片刀

片刀又称薄刀，刀身窄，轻而薄，如图 5-1 所示。片刀专门用于片猪、牛、羊、鸡、鱼等动物类原料和根茎类植物原料的片。

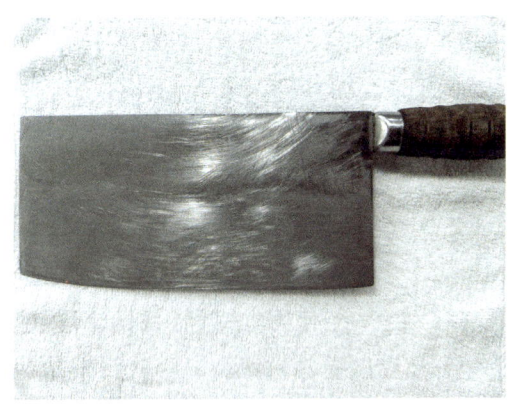

图 5-1　片刀

2. 切刀

切刀用途最广，是最基本的刀，刀背比片刀要厚一些，如图 5-2 所示。切刀有方头、圆头、大头之分，可切、剁各种丝、丁、片、块、末等。

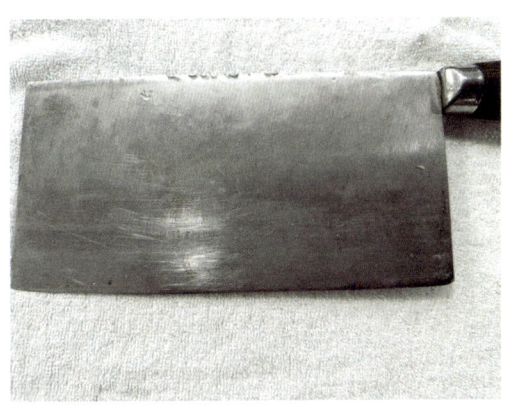

图 5-2　切刀

3. 砍刀

砍刀的刀身厚重，如图 5-3 所示。砍刀专门用来砍带骨原料和大型原料。

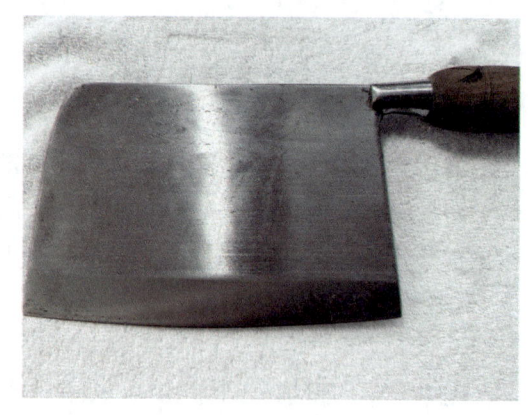

图 5-3　砍刀

4. 前切后剁刀

前切后剁刀又称文武刀，如图 5-4 所示。刀的前半部分可用来切，后半部分可用来砍鸡、鸭、鱼等不太粗大的骨头。

除此以外，还有剪刀、水果刀、刨刀等刀具。

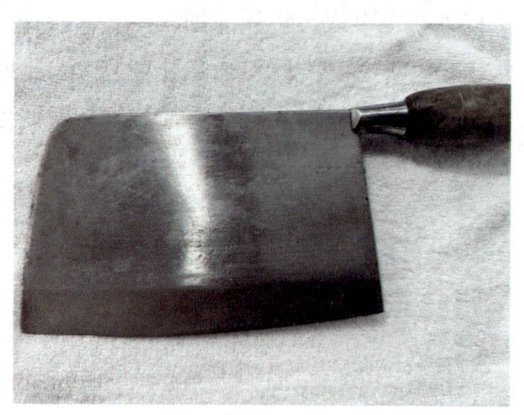

图 5-4　前切后剁刀

三、磨刀的方法

磨刀是为了使刀具锋利，利于对烹饪原料进行刀工处理。磨刀前先将磨刀石位置固定，高度以操作方便、运用自如为宜。磨刀时右手握住刀柄前端，左手按住刀背前端直角部位，两手持稳刀，将刀身端平，刀刃朝外，刀背朝里。

磨刀必须按一定步骤进行：刀向前平推至磨刀石尽头，然后向后提拉（刀身与磨刀石的夹角保持 3°~5°）。向前平推是磨刀身，向后提拉是磨刀锋。无论是前推还是后拉，用力都要平稳一致。当磨刀石表面起砂浆时，需要淋水后再磨。磨刀时重点放在刀刃部位，刀刃的前、中、后端部位都要均匀地磨到。磨完一面后换手持刀具，磨刀的另一面，这样才能保证磨完的刀刃平直锋利，符合要求。

四、刀的保养与维护

定期保养和维护刀，可以延长刀的使用寿命，同时也是确保刀工成形质量的重要手段。保养与维护刀时应做到以下两点。

1. 刀使用后必须用清水洗净擦干。特别是切咸味或有黏性的原料（如咸菜、藕、菱等）时，黏附在刀身两面的物质容易氧化而使刀身发黑，而且盐分对刀有腐蚀性。潮湿的季节，刀用清水洗净擦干后还应在两面涂抹植物油，以防生锈或腐蚀。

2. 刀使用后必须固定在刀架上或放入刀箱内，不可触碰硬物，以免损伤刀刃。

操作技能

磨刀训练

操作步骤

步骤 1　将用清水浸泡备用的磨刀石放于垫在台面上的毛巾上。

步骤 2　双脚分开，一前一后，前腿弓、后腿绷，胸部略向前倾，收腹，重心前移，两手持刀，目视刀刃，如图 5-5 所示。

步骤 3　先用粗磨刀石磨刀的两面，打磨开刃后转用细磨刀石进行双面细磨。

步骤 4　检查确保刀锋呈一条直线。

注意事项

注意磨刀时淋水降温。

图 5-5　磨刀

测试题

一、判断题（将判断结果填入括号中，正确的请打"√"，错误的请打"×"）

1. 磨刀时，双脚必须并拢。　　　　　　　　　　　　　　　　　　（　　）

2. 磨刀时右手握住刀柄前端，左手按住刀背前端直角部位，两手持稳刀，将刀身端平，刀刃朝外，刀背朝里。　　　　　　　　　　　　　　　　　　（　　）

3. 磨刀时，刀具与磨刀石夹角为 8°～10°。　　　　　　　　　　　　（　　）

4. 磨刀过程中，待磨刀石表面起砂浆时，需要淋水后再磨。　　　　（　　）

5. 磨完一面后换手持刀具，磨刀的另一面，这样才能保证磨完的刀刃平直锋利，符合要求。　　　　　　　　　　　　　　　　　　　　　　　　　　　（　　）

二、单项选择题（选择一个正确的答案，将相应的字母填入题内括号中）

1. 片刀又叫薄刀，特点是（　　　）。

A. 刀身窄，轻而薄　　　　　　　　B. 刀身宽，轻而薄

C. 刀身窄，厚薄均匀　　　　　　　D. 刀身窄，厚而重

2. 磨刀时要求（　　　），胸部略向前倾，收腹，重心前移，两手持刀，目视刀刃。

A. 两脚左右分开　　　　　　　　　B. 两脚前后分开

C. 两脚并拢　　　　　　　　　　　D. 随意站立

三、简答题

1. 简述刀工的作用。
2. 简述磨刀的方法。

测试题参考答案

一、判断题

1. ×　　2. √　　3. ×　　4. √　　5. √

二、单项选择题

1. A　　2. B

三、简答题

略

学习单元 2

刀法训练

一、直刀法

直刀法就是操作时刀刃向下、刀身向砧板平面做垂直运动的一种运刀方法。直刀法操作灵活多变，简练快捷，适用范围广。原料性质不同，形态要求也不同，可以用直刀法进行切、剁、斩等。

1. 切

切是指一手按住原料，另一手持刀，近距离从原料上部向下部做垂直运动的一种直刀法，如图5-6所示。切时以腕力为主，小臂力为辅运刀，一般适用于加工植物类原料和无骨动物类原料。切又可分为直切、推切、拉切、推拉切、滚料切等。

图 5-6 切

2. 剁

剁是指刀垂直向下，频率较快地斩碎或敲打原料的一种直刀法。为了提高工作效率，剁原料时通常左右手分别持刀同时操作，这种剁法也称为排斩，如图5-7所示。

剁适用于无骨韧性原料，可将原料制成茸状或末状，如制作肉丸、鱼茸、虾胶等的原料。

操作时一般两手持刀，保持一定的距离，刀与原料垂直。剁时运用腕力，提刀不宜过高，用力以刚好断开原料为宜。剁时有节奏地匀速运力，并左右来回移动，过程中酌情翻动原料。

图 5-7　剁

原料在剁之前，最好先切成片、条、粒或小块，然后再剁，这样均匀、不粘连。为了防止原料飞溅，剁时可不时地将刀放入清水中浸湿再剁，并注意力度，以能断开原料为度，避免刀刃嵌入砧板。

3. 斩

斩是指从原料上方垂直向下猛力运刀断开原料的一种直刀法，如图 5-8 所示。斩适用于带骨但骨质并不十分坚硬的原料，如鸡、鸭、鱼、排骨等。斩时要求小臂用力，刀提高至与前胸平齐，运刀时看准位置，落刀敏捷利落，一刀斩成两段。斩有骨原料时，肉多骨少的一面在上，骨多肉少的一面在下，使带骨部分与砧板接触，这样容易断料，同时又避免将肉砸烂。

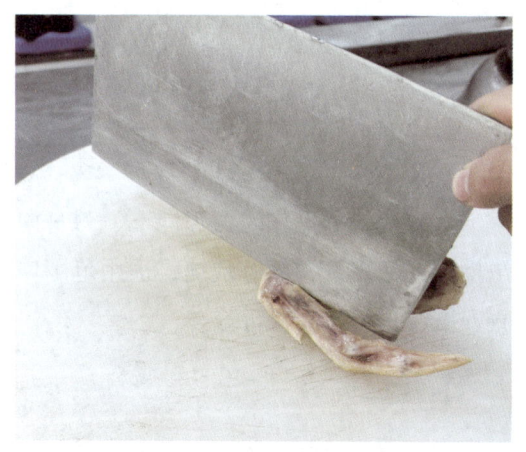

图 5-8　斩

二、平刀法

平刀法又称片刀法，是指运刀时刀身与砧板面基本呈平行状态的刀法，适用于无骨的韧性原料、软性原料或煮熟回软的脆性原料。平刀法按运刀的手法不同，可分为平刀片、推刀片、拉刀片、推拉刀片等。

1. 平刀片

平刀片又称平刀直片，是指将原料平放在砧板上，刀身与砧板面平行，刀刃从原料的右端平片至左端切断原料的刀法，如图 5-9 所示。平刀片适用于无骨软性细嫩的原料，如豆腐、凉粉等。操作时要持平刀身，进刀后控制好所需原料的厚薄，一刀平片到底。左手按料的力度要恰当，不能影响平片时刀身的运行。右手持刀要稳，平片速度以不使原料碎烂为准，刀身不能抖动，否则断面会不平整。

2. 推刀片

推刀片又称平刀推片，是指将原料平放在砧板上，刀身与砧板面平行，刀刃从原料的右下角片进去，然后由右向左将刀刃推入，向前推进运刀切断原料的刀法，如图5-10所示。推刀片适用于体小、脆嫩的植物类原料，如茭白、冬笋、榨菜、生姜等。操作时要持刀稳，刀身始终与砧板面平行，推刀果断有力，一刀切断原料。左手手指平按在原料上，力度要适当，既固定原料又不影响推片时刀的运行。推片时刀的后端略提高，着力点在刀的后端，由后向前（由里向外）片出去。

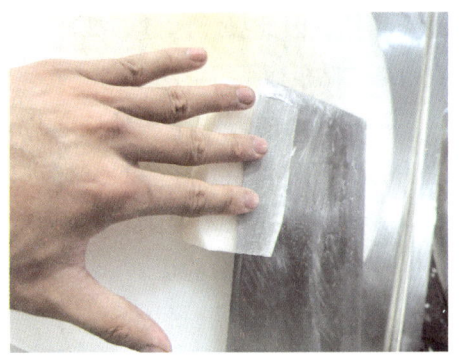

图 5-9　平刀片

3. 拉刀片

拉刀片又称平刀拉片，是指将原料平放在砧板上，刀身与砧板面平行，刀刃后端从原料的右上角片进去，由右向左拉动刀刃，运刀时向后拉动切断原料的刀法，如图5-11所示。拉刀片适用于体小、细嫩的动植物类原料或脆性的植物类原料，如猪腰、莴笋、蘑菇等。拉刀片时要求持刀稳，刀身始终与砧板面平行，出刀果断有力，一刀切断原料。拉片时着力点放在刀的前端，由前向后（由外向内）片进去。

图 5-10　推刀片

4. 推拉刀片

推拉刀片又称平刀推拉片、锯片，是推刀片与拉刀片合并使用的刀法，如图5-12所示。推拉刀片适用于表面积较大、韧性强、筋较多的原料，如牛肉、猪肉等。推拉刀片要在原料上进行反

图 5-11　拉刀片

复推和拉，因此操作时起刀要平稳，刀身始终与砧板面平行。

起片常用的方法是从外侧起片，以左手的食指和中指按住原料掌握进刀的厚薄。推拉刀片技术要求较高，熟练后可以将原料片成极薄的片。

三、斜刀法

图 5-12　推拉刀片

斜刀法是一种刀身与砧板面成斜角，刀做倾斜运动将原料片开的刀法。这种刀法按刀的运动方向可分为斜刀拉片、斜刀推片等，主要用于将原料加工成片。

1. 斜刀拉片

斜刀拉片时要求刀身倾斜，刀背朝右前方，刀刃自右前方向左后方运动，将原料片开，如图5-13所示。操作时，将原料放在砧板面内侧，一般左手的手指伸直按住原料，右手持刀，用刀刃的中部对准原料需要片的位置，刀自右前方向左后方运动，将原料片开。原料片开后，随即左手的手指微弓，带动片开的原料向右后方移动，使原料离开刀。如此反复斜刀拉片。

图 5-13　斜刀拉片

刀在运动时，刀身要紧贴原料，避免原料粘走或滑动，刀身的倾斜度要根据原料成形规格灵活调整。每片一刀，刀与右手同时移动一次，并保持刀距相等。斜刀拉片适合加工各种韧性原料，如腰子、净鱼肉、大虾肉、猪肉、牛肉、羊肉等，也可加工白菜帮、油菜帮、扁豆等。

2. 斜刀推片

斜刀推片时要求刀身倾斜，刀背朝左后方，刀刃自左后方向右前方运动，如图5-14所示。斜刀推片主要用于将原料加工成片。操作时，一般左手按住原料，中指第一关节微曲，并顶住刀身。右手持刀，刀身倾斜，用刀刃的中部对准原料需要片的位置，刀自左后方向右前方斜刀片进去，使原料断开，如此反复斜刀推片。

刀在运动时，刀身要紧贴左手中指第一关节，每片一刀，刀与左手都向左后方同时移动一次，保持刀距一致。刀身倾斜角度应根据加工成形原料的规格灵活调整。斜刀推片适合于加工各种脆性原料，如芹菜、白菜等，也可加工熟猪肚等软性原料。

图 5-14　斜刀推片

操作技能

刀法训练（以直刀法为例）

操作准备

准备白萝卜 500 g、生姜 50 g、牛肉 500 g、牛大骨 500 g 等。

操作步骤

步骤 1　将白萝卜用直刀法中切的刀法切成骨牌片，成形标准为 6 cm×2 cm×0.4 cm（长 × 宽 × 厚）。

步骤 2　将生姜用直刀法中剁的刀法剁成细末，成形标准为 0.2 cm 见方的末。

步骤 3　将牛肉片成小骨牌片，成形标准为 5 cm×2 cm×0.3 cm（长 × 宽 × 厚）。

步骤 4　将牛大骨从中间斩成两段，成形标准为 8 cm（长）。

注意事项

使用直刀法时，保持砧板面与刀身的夹角为 90°。

测试题

一、判断题（将判断结果填入括号中，正确的请打"√"，错误的请打"×"）

1. 斜刀法就是在操作时刀刃向下、刀身向砧板面做垂直运动的一种运刀方法。　　　　　　　　　　　　　　　　　　　　　　　　　　　　（　　）

2. 直刀法可分为切、剁、斩等刀法。　　　　　　　　　　　　　（　　）

3. 平刀法又称片刀法，是指运刀时刀身与砧板基本呈平行状态的刀法。（　　）

二、**单项选择题**（选择一个正确的答案，将相应的字母填入题内括号中）

1. 剁是指刀垂直向下，频率较快地斩碎或敲打原料的一种（　　）。

　A. 平刀法　　　　B. 斜刀法　　　　C. 宰刀法　　　　D. 直刀法

2. （　　）适合平刀拉片。

　A. 猪里脊肉　　　B. 猪腰　　　　　C. 榨菜　　　　　D. 豆腐

三、**简答题**

1. 简述刀法的种类。
2. 简述直刀法的适用范围。

测试题参考答案

一、判断题

1. ×　　2. √　　3. √

二、单项选择题

1. D　　2. B

三、简答题

略

学习单元 3

原料刀工成形标准

原料经过不同的刀工处理后,形成不同的形状,便于烹饪和食用。原料是多种多样的,成形形状有丝、丁、片、块、条、粒、末、泥及花形等。跷脚牛肉常用原料的成形规格见表5-1。

表5-1　　　　　　　　跷脚牛肉常用原料的成形规格

名称	成形规格	成形方法	适用原料
菱形片	5 cm×2.5 cm×0.2 cm (长轴 × 短轴 × 厚)	先将原料切成2.5 cm宽、0.2 cm厚的长片,再将长片切成菱形	结球甘蓝等
骨牌片	6 cm×2 cm×0.4 cm (长 × 宽 × 厚)	先将原料切成6 cm长、2 cm宽的块,再切成0.4 cm厚的片	牛肉等
小骨牌片	5 cm×2 cm×0.3 cm (长 × 宽 × 厚)	先将原料切成5 cm长、2 cm宽的块,再切成0.3 cm厚的片	牛肚等
指甲片	1.2 cm×1.2 cm×0.2 cm (长 × 宽 × 厚)	先将原料切成1.2 cm见方的长条,再切成0.2 cm厚的片	生姜等
柳叶片	6 cm×0.3 cm (形如柳叶)(长 × 厚)	先将原料修成一边厚、一边薄的6 cm长的块,再将原料切成0.3 cm厚的片	牛肝、牛腰等
牛舌片	10 cm×3 cm×0.1 cm (长 × 宽 × 厚)	先将原料切成10 cm长、3 cm宽的块,再片成0.1 cm厚的薄片,用清水浸泡卷曲即可	牛肝、牛腰、牛肉等

跷脚牛肉制作

原料进行刀工处理后，能缩短烹调的时间，也可以让原料的成熟程度保持一致。跷脚牛肉制作时，几乎所有的原料都要进行一定的刀工处理，经刀工处理后的原料方便使用和食用。

操作技能

跷脚牛肉原料的刀工成形

操作准备

准备牛蹄500 g、牛头皮500 g、牛肠500 g、牛肚500 g、牛肉500 g、牛肝500 g、牛舌500 g、牛百叶500 g、结球甘蓝500 g、芹菜500 g等。

操作步骤

步骤1 将所有原料清洗干净。

步骤2 牛蹄、牛头皮、牛肠、牛肚焯水后刀工成形。焯水后的部分原料如图5-15所示。

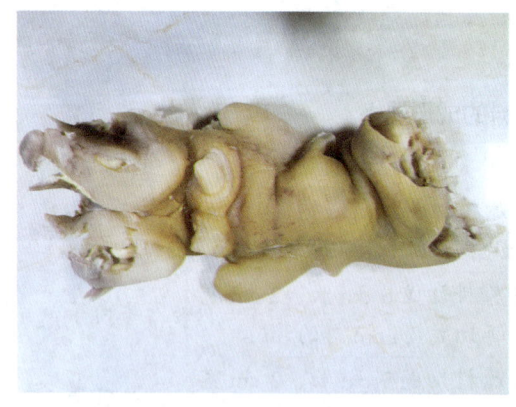
焯水后的牛蹄

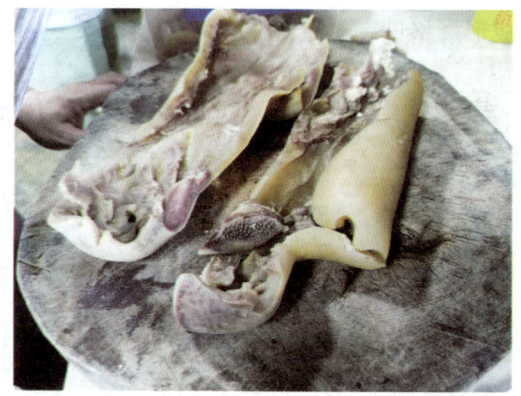
焯水后的牛头皮

图5-15 焯水后的部分原料

（1）牛蹄剔除骨头后，分成三段，每段对半剖开，将牛蹄上的肉和皮改刀成方便食用的片，如图5-16所示。

培训任务 5 | 原料加工工艺

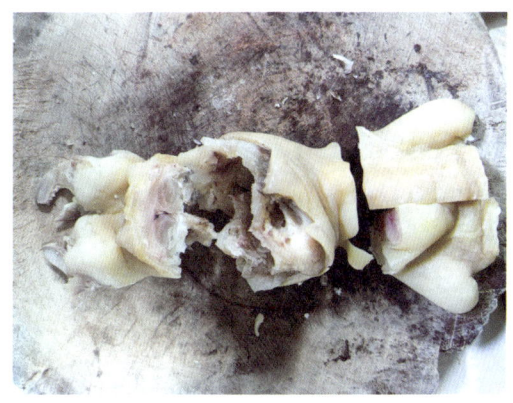
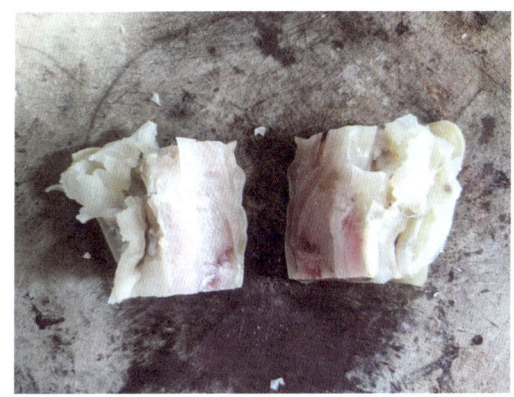

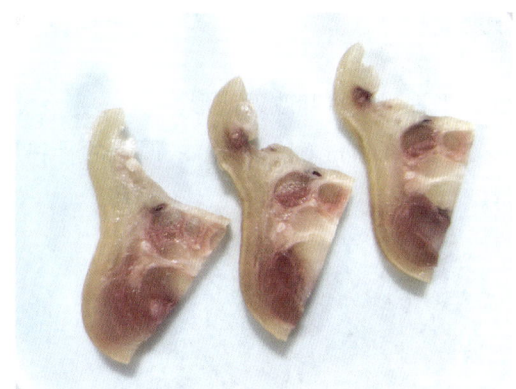

图 5-16 牛蹄改刀成形

（2）牛头皮分成 2~3 条后切成方便食用的小条，如图 5-17 所示。

（3）牛肠改刀成形，切成方便食用的小段，如图 5-18 所示。

（4）牛肚改刀成形，切成方便食用的片，如图 5-19 所示。

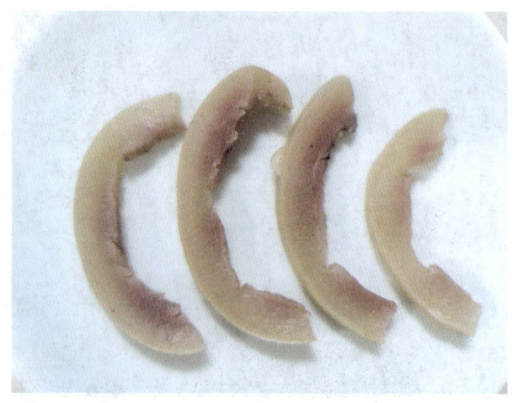

图 5-17　牛头皮改刀成形

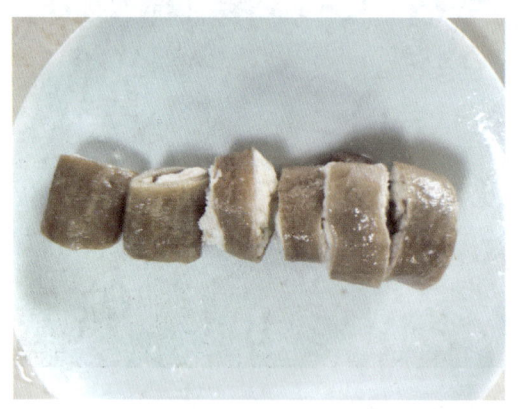

图 5-18　牛肠改刀成形　　　　　图 5-19　牛肚改刀成形

步骤 3　牛肉、牛肝、牛舌、牛百叶改刀成形。

（1）牛肉切成 6 cm×2 cm×0.4 cm（长 × 宽 × 厚）的骨牌片，如图 5-20 所示。

图 5-20　牛肉刀工成形

（2）牛肝剔去筋膜后先改刀成 4～5 条，切成 6 cm×0.3 cm（长 × 厚）的柳叶片，如图 5-21 所示。

（3）牛舌切成薄片，如图 5-22 所示。

（4）先将整个牛百叶分成 2~3 份，再切成丝状，如图 5-23 所示。

图 5-21　牛肝刀工成形

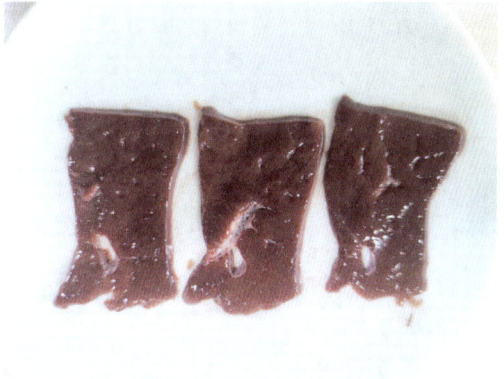

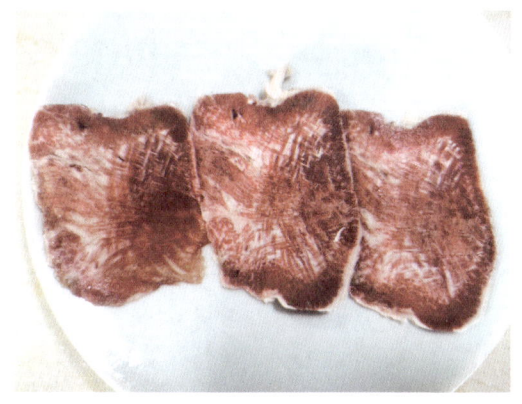

图 5-22　牛舌刀工成形

图 5-23　牛百叶刀工成形

步骤 4　各种配菜根据刀工成形标准进行分割加工。

（1）结球甘蓝改刀成 5 cm×2.5 cm×0.2 cm（长轴 × 短轴 × 厚）的菱形片。

（2）芹菜去叶后，切成方便食用的小段。

测试题

一、判断题（将判断结果填入括号中，正确的请打"√"，错误的请打"×"）

1. 原料经过不同的刀工处理后，形成不同的形状，便于烹饪和食用。　　（　　）
2. 先将原料切成 5 cm 长、2 cm 宽的块，再切成 0.3 cm 厚的片即成骨牌片。

（　　）

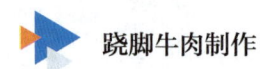

二、单项选择题（选择一个正确的答案，将相应的字母填入题内括号中）

1. 10 cm×3 cm×0.1 cm（长 × 宽 × 厚）标准的是（　　）。
   A. 牛舌片　　　　B. 柳叶片　　　　C. 指甲片　　　　D. 连刀片
2. 6 cm×2 cm×0.4 cm（长 × 宽 × 厚）标准的是（　　）。
   A. 牛舌片　　　　B. 骨牌片　　　　C. 指甲片　　　　D. 连刀片

三、简答题

1. 简述牛舌片的成形规格和成形方法。
2. 简述菱形片的成形规格和成形方法。

测试题参考答案

一、判断题

1. √　　2. ×

二、单项选择题

1. A　　2. B

三、简答题

略

培训任务 6

调味技术

学习单元 1

调味基础

调味，简单来说就是调和菜肴的滋味，具体来说就是运用各种呈味调料和有效的调制手段，使调料与主配料之间相互作用，协调配合，从而赋予菜肴新的滋味。

一、调味的作用和方法

1. 调味的作用

（1）去除异味，增进美味。畜禽类原料及其内脏和部分水产品，大多有较浓重的腥味、膻味、臊味等不良气味，这些异味处理不当往往会影响菜肴成品的质量。原料与调料的相互调配可减弱或去除这些不良气味，帮助菜肴成品达到质量标准。

（2）形成菜肴的风味特色。菜肴的口味主要靠调味来决定，通过调味可使菜肴形成风味。调味可使菜肴味型多样化，这也是扩大菜肴品种和形成地方风味菜肴的重要手段之一。

2. 调味的方法

跷脚牛肉的调味主要采用腌制调味法和随味碟调味法。

（1）腌制调味法。腌制调味法是指将调料与菜肴的主配料调和均匀，或将菜肴的主配料浸泡在溶有调料的溶液中，腌制一段时间使菜肴主配料入味的调味方法。例如，嫩牛肉在烫制之前一般都需要进行腌制调味，使之达到入味的目的。

（2）随味碟调味法。随味碟调味法是指将调料装在小碟或小碗中，随成品菜肴一起上席，供食客蘸而食之的调味方法。跷脚牛肉上席时，一般会准备干碟或油碟供食客选择。

二、调味的原则

1. 根据风味特点调味

跷脚牛肉调味时应重视味型特点，做到准确调味，力求投料规格化、标准化，做到同一味型重复制作多次基本保持一致。

2. 根据原料质地调味

跷脚牛肉调味过程中，不同地域或不同性质的原料，要做到因材调味。原料的质地对跷脚牛肉的成品质量会产生较大影响，在调味时要结合原料特性和菜肴成品标准合理调味。

3. 根据季节因时调味

随着季节的变化，人们的口味也会随之改变，因此调味时要在保证跷脚牛肉风味特色的前提下，根据季节变化调整口味。

4. 根据食客需求调味

要根据食客的饮食习惯、个人嗜好、口味要求等进行合理调味，以满足他们的饮食需求。

测试题

一、判断题（将判断结果填入括号中，正确的请打"√"，错误的请打"×"）

1. 跷脚牛肉的调味主要采用腌制调味法和随味碟调味法。　　　　（　　）
2. 通过调味可使菜肴形成风味。　　　　（　　）
3. 调味的作用是让菜肴形成风味特色。　　　　（　　）
4. 经调料的相互调配可减弱或去除原料中的不良气味，帮助菜肴达到成菜的质量标准。　　　　（　　）

二、单项选择题（选择一个正确的答案，将相应的字母填入题内括号中）

1. 调味简单来说就是调和菜肴的（　　　）。
   A. 风味　　　　B. 咸味　　　　C. 甜味　　　　D. 滋味

2. 跷脚牛肉食用时一般会准备（　　　）或油碟供食客选择。
   A. 干碟　　　　B. 辣椒粉　　　C. 花椒粉　　　D. 葱花

三、简答题

1. 简述调味的作用。
2. 简述跷脚牛肉调味的方法。

测试题参考答案

一、判断题

1. √　　2. √　　3. √　　4. √

二、单项选择题

1. D　　2. A

三、简答题

略

学习单元 2

味型调制

一、麻辣味型

在调制麻辣味时，常用辣椒粉（见图 6-1）、花椒粉等来突出麻辣鲜香，辣椒粉主要突出辣味，花椒粉主要突出麻味。其味型特点色泽红亮、麻辣味浓。味型配合上，除红油外，与其他复合味配合均可，原料范围也很广，大多数原料都可以调制成麻辣味。跷脚牛肉干碟和油碟一般为麻辣味。

图 6-1　辣椒粉

二、咸鲜味型

咸鲜味是应用广泛的味型。咸鲜味的味型特点是咸鲜醇厚、清淡可口。此味型适合的烹调方法很多。咸鲜味的味感平和清淡，有和味、解味的作用，与其他复合味配合均较合适。跷脚牛肉汤汁为咸鲜味，如图 6-2 所示。

图 6-2　跷脚牛肉汤汁

跷脚牛肉制作

🦋 操作技能

跷脚牛肉辣椒粉的制作

操作准备

准备二荆条辣椒 500 g、七星椒 500 g 等。

操作步骤

步骤1 二荆条辣椒和七星椒用湿布擦干净表面的灰尘,用剪刀剪成小段,如图 6-3 所示。

图 6-3　辣椒剪成小段

步骤2 把两种干辣椒段都放入锅中,用小火不停翻炒至酥红,关火后继续翻炒至锅中辣椒降温,如图 6-4 所示。

图 6-4　炒制好的干辣椒

步骤3 炒制好的干辣椒用磨粉机磨碎,如图 6-5 所示。

图 6-5　磨辣椒粉

注意事项

1. 两种辣椒配比要恰当。
2. 辣椒炒制时火要小。

跷脚牛肉干碟的调制

操作准备

准备辣椒粉 50 g、盐 20 g、味精 10 g、鸡精 10 g、花椒粉 5 g 等。

操作步骤

步骤 1 将辣椒粉装入调味碗中,如图 6-6 所示。

图 6-6 装入辣椒粉

步骤 2 将盐、味精、鸡精、花椒粉依次加入,如图 6-7 所示。

图 6-7 依次加入调料

步骤 3 将调料搅拌均匀即成干碟蘸料,平均分成 10 份,如图 6-8 所示。

注意事项

可根据个人口味适当增减各种调料。

图 6-8 干碟蘸料平均分成 10 份

跷脚牛肉油碟的调制

操作准备

准备辣椒粉 50 g、盐 10 g、味精 10 g、鸡精 10 g、小米辣碎 100 g、芝麻油 100 g、香菜 50 g 等。

操作步骤

步骤 1 将辣椒粉装入调味碗中。

步骤 2 将盐、味精、鸡精依次加入调味碗中。

步骤 3 加入小米辣碎，如图 6-9 所示。

步骤 4 加入芝麻油，如图 6-10 所示。

步骤 5 加入香菜，搅拌均匀。

注意事项

可根据个人口味适当增减各种调料。

图 6-9 加入小米辣碎

图 6-10 加入芝麻油

测试题

一、判断题（将判断结果填入括号中，正确的请打"√"，错误的请打"×"）

1. 从味型上来划分，跷脚牛肉蘸料属于煳辣味。　　　　　　　　　　（　　）
2. 麻辣味汁仅适用于热菜。　　　　　　　　　　　　　　　　　　　（　　）
3. 跷脚牛肉蘸料辣味的主要调味料是辣椒粉。　　　　　　　　　　　（　　）

二、单项选择题（选择一个正确的答案，将相应的字母填入题内括号中）

1. 跷脚牛肉干碟和油碟一般为（　　）。

　A. 咸鲜味　　　　B. 麻辣味　　　　C. 藤椒味　　　　D. 糊辣味

2. 在麻辣味型中，麻味主要是指（　　）之味。

　A. 花椒　　　　　B. 胡椒　　　　　C. 八角　　　　　D. 桂皮

三、简答题

1. 简述麻辣味的味型特点。
2. 简述咸鲜味的味型特点。

测试题参考答案

一、判断题

1. ×　　2. ×　　3. √

二、单项选择题

1. B　　2. A

三、简答题

略

培训任务 7

汤汁熬制

跷脚牛肉制作

跷脚牛肉汤汁经过多年发展，在传统汤味的基础上添加胡椒、鸡精等，加入几十种中药材，更趋科学营养。跷脚牛肉汤汁的汤色碧清、滋味醇厚、味美鲜香，还有驱寒的功效。

一、汤汁主料选择

1. 牛棒骨

牛棒骨（见图7-1）又称大骨、腔骨、棒子骨、筒子骨等，通常是指牛的腿骨，包括大腿骨和小腿骨。这些骨头里面含有丰富的骨髓，是用来煲汤的常用食材。用牛棒骨煲汤的时候，需要从牛棒骨中间将其斩成两段，这样才能让骨髓在煲汤的过程中慢慢地融入汤里，从而让汤的味道更鲜美，营养更丰富。

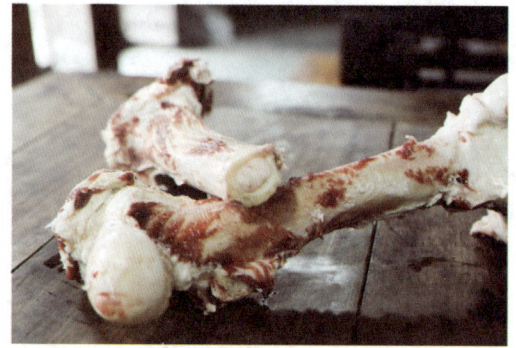

图7-1　牛棒骨

2. 牛脊骨

牛脊骨（见图7-2）含有维生素、脂肪、氨基酸，以及钙、磷、镁等多种元素，营养价值较高，适量食用具有为机体补充丰富的能量、促进机体发育、养生保健的功效。干燥的牛脊骨磨成粉后还有止血作用。

图7-2　牛脊骨

二、汤汁辅料选择

1. 生姜

生姜（见图7-3）是姜科植物姜的新鲜根茎，是一种很有开发利用价值的经济作物，集营养、调味、保健于一身，自古被医学家视为药食同源的保健品，具有祛寒、祛湿、暖胃、加速血液循环

图7-3　生姜

等功效。

2. 大葱

大葱不仅是一种简单的调味菜，同时对人的身体健康有着很好的保健作用。大葱含有丰富的维生素 C，有舒张血管、促进血液循环的作用，同时含有维生素 A、维生素 D 等，长期食用能降低胆固醇。

3. 香料

天然香料约 1 500 种，常用的有 200 多种。在制作跷脚牛肉汤汁时，选择的香料主要有八角、山奈、灵香草、桂皮、丁香、小茴香、香果、白芷、木香、胡椒、砂仁、荜茇等，部分香料如图 7-4 所示。

图 7-4　部分香料

三、汤汁熬制的要点

汤汁熬制又称制汤、吊汤、煮汤、熬汤等，就是把具有鲜美滋味的原料放入清水锅中长时间加热，使原料中蛋白质、核苷酸、脂肪等加热后分解成氨基酸等鲜味营养物质，并溶于水中成为鲜汤，以供正式烹调所用。

1. 合理选用制汤原料

用于制汤的动物类原料，如鸡肉、鸭肉、猪瘦肉、猪肘子、猪排骨、火腿、板鸭、鱼类等，含有丰富的蛋白质、核苷酸等。原料中能溶于水的含氮浸出物，是汤鲜味的主要来源。在制作跷脚牛肉汤汁时，一般使用牛棒骨和牛脊骨作为主要原料。

2. 汤汁原料冷水下锅

制汤的最佳料水比在 1∶3 左右。水过多，汤中可溶性固形物、氨基酸态氮、钙和铁的浓度降低；水过少，不利于原料中营养物质和风味成分浸出。制汤的原料都应该冷水下锅，随水同时升温。汤水要一次性加足，中途不得添加冷水。

3. 恰当运用制汤火候

在制作清汤时，先用旺火烧开，水开后立即改用中小火，使汤面保持微翻小泡状态，直到汤汁制成为止，一般需要 3 h 左右。总之，煮制鲜汤都需要较长时间加热，

跷脚牛肉制作

以使原料中的营养物质和鲜味物质析出溶于汤中。

4. 恰当使用调料和香料

制作汤汁常用调料为大葱、生姜、料酒、盐等，盐不宜过早投放，应在最后完成制汤前加入，大葱、生姜可随料入锅，料酒在出锅前 1 h 加入即可。

为防止香料弥散在汤中，香料要用纱布包好，水开后投入锅中一起熬煮。

操作技能

汤汁熬制

操作准备

准备汤汁熬制的主要原料，见表 7–1。

表 7–1　　汤汁熬制的主要原料

原料	质量 /g	原料	质量 /g
牛骨	15 000	白芷	10
清水	50 000	木香	12
八角	5	胡椒	100
山柰	20	砂仁	15
灵香草	12	荜菝	15
桂皮	10	生姜	250
丁香	5	大葱	300
小茴香	12	料酒	100
香果	15	—	—

操作步骤

步骤 1　新鲜的牛骨（牛棒骨和牛脊骨）用冷水清洗干净后，把牛棒骨敲破。

步骤 2　锅中放入适量清水，把牛脊骨、敲破的牛棒骨放入锅中。

步骤 3　烧开后捞去浮沫，将香料包放入锅中熬制。

步骤 4　将生姜、大葱、料酒、胡椒粉依次放入锅中熬制。

步骤 5　大火烧开转小火慢炖 3 h 左右熬制成味道鲜美的汤汁。

注意事项

1. 熬制汤汁的原料要新鲜。
2. 跷脚牛肉汤汁应做到一天一换。

测试题

一、判断题（将判断结果填入括号中，正确的请打"√"，错误的请打"×"）

1. 牛棒骨通常是指牛的腿骨，包括大腿骨和小腿骨。（　　）
2. 生姜具有祛寒、祛湿、暖胃、加速血液循环等功效。（　　）
3. 在熬制汤汁时，原料都是开水下锅。（　　）

二、单项选择题（选择一个正确的答案，将相应的字母填入题内括号中）

1. 用动物类原料制汤时，肉中能溶解于水的（　　）是汤鲜味的主要来源。
   A. 骨胶原　　　B. 糖类　　　C. 维生素　　　D. 含氮浸出物
2. 在制作清汤时，先用旺火烧开，水开后立即改用中小火，使汤面保持微翻小泡状态，直到汤汁制成为止，一般需要（　　）h左右。
   A. 2　　　　　B. 3　　　　　C. 4　　　　　D. 5
3. 制汤的最佳料水比在（　　）左右。
   A. 1∶1　　　B. 1∶2　　　C. 1∶3　　　D. 1∶4

三、简答题

1. 简述牛棒骨的特点。
2. 简述牛脊骨的特点。
3. 简述跷脚牛肉制汤的过程。

测试题参考答案

一、判断题

1. √　　2. √　　3. ×

二、单项选择题

1. D　　2. B　　3. C

三、简答题

略

培训任务 8

菜品烫制

 跷脚牛肉制作

烫制是近似于氽的一种水熟法,是将经过刀工处理的脆嫩原料投入微沸的汤汁中迅速烫至断生捞出,然后将制成的调味汤汁倒入烫熟的原料盛器中的一种烹调方法。烫制的原料鲜嫩爽脆、口味浓香或清淡。

一、烫制操作要点

1. 一般宜选择脆嫩易熟的原料。
2. 原料一般加工成细丝或薄片等易熟的形状。
3. 旺火沸水速成。

二、跷脚牛肉烫制时间(见表 8-1)

表 8-1　　　　　　　　　　跷脚牛肉烫制时间

食材	质量 /g	烫制时间	备注
牛百叶	100	15 s	—
牛肉	100	30 s	—
牛肝	100	15 s	—
牛舌	100	20 s	—
牛肠	100	1 min	提前加工熟
牛腰	100	20 s	—
牛鞭	100	5 min	提前加工熟
牛脑花	100	5 min	—
结球甘蓝	100	2 min	—

 操作技能

跷脚牛肉菜品的烫制

操作准备

准备牛百叶、牛肉、牛肝、牛舌、牛肠、牛鞭、结球甘蓝、芹菜等。

操作步骤

步骤1 在碗中加入适量芹菜段,如图8-1所示。

图8-1 加入芹菜段

步骤2 根据烫制时间要求,将不同食材放入微沸的汤汁中烫制。

步骤3 把烫熟的食材分别装入碗中,并加入适量的调味汤汁,如图8-2所示。

图8-2 烫制后装盘

注意事项

1. 把握好不同食材的烫制时间。
2. 烫制时火候要把控好。

测试题

一、判断题(将判断结果填入括号中,正确的请打"√",错误的请打"×")

1. 烫制的原料鲜嫩爽脆,口味浓香或清淡。 (　　)
2. 烫制是近似于汆的一种水熟法。 (　　)
3. 牛舌的烫制时间以5 min为宜。 (　　)
4. 牛脑花的烫制时间以15 min为佳。 (　　)

二、单项选择题(选择一个正确的答案,将相应的字母填入题内括号中)

1. 100 g牛百叶的烫制时间一般为(　　)s。
A. 10　　　　B. 15　　　　C. 7　　　　D. 8

2. 100 g牛肉的烫制时间一般为(　　)s。
A. 10　　　　B. 15　　　　C. 20　　　　D. 30

3. 100 g 牛腰的烫制时间一般为（　　）s。

A. 10　　　　B. 15　　　　C. 20　　　　D. 30

三、简答题

1. 简述烫制的定义。

2. 简述各种原料的烫制时间要求。

测试题参考答案

一、判断题

1. √　　2. √　　3. ×　　4. ×

二、单项选择题

1. B　　2. D　　3. C

三、简答题

略

培训任务 9

安全与卫生

学习单元 1

《中华人民共和国食品安全法》相关知识

一、《中华人民共和国食品安全法》的产生

俗话说："民以食为天，食以安为先。"食品安全是人命关天的大事，为此我国在1982年11月19日颁布了《中华人民共和国食品卫生法（试行）》，1995年10月30日又加以修订后颁布，用于保证食品卫生、防止食品污染、保障人身健康、增强人民体质。随着食品经济发展和食品安全事件的不断发生，食品卫生逐渐上升到了食品安全的高度，于是2009年2月28日国家颁布了《中华人民共和国食品安全法》（简称《食品安全法》），后又经历了2015年4月24日第十二届全国人民代表大会常务委员会第十四次会议修订，2018年12月29日第十三届全国人民代表大会常务委员会第七次会议第一次修正，2021年4月29日第十三届全国人民代表大会常务委员会第二十八次会议第二次修正，有效推动食品经济的健康发展。

二、《中华人民共和国食品安全法》的主要内容

1. 统一食品安全标准

《食品安全法》中明确规定统一制定食品安全国家标准，建立科学、统一、权威的食品安全标准体系，有效杜绝各个执法部门法出多门、各自为政的乱象。例如，《食品

安全法》对食品添加剂、农药残留、畜禽屠宰、地方特色食品、食品生产经营、标签、说明书、广告、特殊食品等方面做出具体而详尽的要求。

2. 规定国务院设立食品安全委员会

食品安全委员会对食品安全监管进行协调和指导，加强部门间的配合和消除监管空隙，规范食品检验机构。只有取得资质的食品检验机构方可从事食品检验活动。食品检验机构和检验人对出具的食品检验合格报告负责。明确进出口食品由国家出入境检验检疫部门监督管理。

3. 加大对违法行为的处罚

凡是违反《食品安全法》，最高可受刑事处罚。生产经营者未取得食品生产经营许可从事经营活动，经营病死、毒死或死因不明的禽、畜、兽、水产及其制品，生产经营超限量添加剂的食品、腐败食品、标注虚假生产日期或保质期的食品等行为都会受到严厉的处罚。

三、《中华人民共和国食品安全法》的核心要义

食品生产者、食品销售者、餐饮经营者必须严格遵守《食品安全法》，合法经营，否则将造成最高货值金额 30 倍罚款，后果特别严重的会受到刑事处罚。

《食品安全法》是保护亿万家庭幸福安康的利剑和护身符，作为食品制作者和餐饮经营者要重视这部法律、严格执行法律，保障人们的食品安全健康，共同创造美好生活。

测试题

一、判断题（将判断结果填入括号中，正确的请打"√"，错误的请打"×"）

1. 我国在 1982 年 11 月 19 日制定了《中华人民共和国食品安全法》。（   ）
2.《中华人民共和国食品安全法》于 2021 年 4 月进行了第二次修正。（   ）

二、单项选择题（选择一个正确的答案，将相应的字母填入题内的括号中）

1.《中华人民共和国食品安全法》的主要内容不包括（   ）。

A. 统一食品安全标准　　　　　　　B. 规定国务院设立食品安全委员会
C. 加大对违法行为的处罚　　　　　D. 定义了食品安全罪

2. 食品生产者、食品销售者、餐饮经营者必须严格遵守《中华人民共和国食品安全法》，合法经营，否则将造成最高货值金额（　　　）倍的罚款，后果特别严重的会受到刑事处罚。

A. 10　　　　　　B. 20　　　　　　C. 30　　　　　　D. 40

三、简答题

1. 简述《中华人民共和国食品安全法》的产生过程。
2. 简述《中华人民共和国食品安全法》的主要内容。

测试题参考答案

一、判断题

1. ×　　2. √

二、单项选择题

1. D　　2. C

三、简答题

略

学习单元 2

《餐饮服务食品安全操作规范》相关知识

2018年6月，国家市场监督管理总局发布修订了的《餐饮服务食品安全操作规范》，于2018年10月1日起施行，内容涉及餐饮服务场所、食品处理清洁操作、餐用具保洁、外卖配送等餐饮服务各个环节的标准和基本规范。

一、从业人员基本要求

1. 食品安全管理人员和从事接触直接入口食品工作的从业人员应每年进行健康检查，取得健康证明后方可上岗。

2. 食品安全管理人员应对从业人员每日上岗前的健康状况进行检查。

3. 患有霍乱等国务院卫生行政部门规定的有碍食品安全疾病的人员，不得从事接触直接入口食品工作。

4. 从业人员应保持良好个人卫生。穿戴清洁的工作衣帽，头发不得外露；不得留长指甲、涂指甲油；不得佩戴手表、手镯、手环、戒指、耳环等外露饰物。专间和专用操作场所的从业人员应佩戴口罩，其他岗位的从业人员宜佩戴口罩。

5. 从业人员制作加工食品前应洗净手部，从事直接接触入口食品工作的从业人员制作加工食品前应洗净手部并消毒。

6. 工作服宜为白色或浅色，保持清洁，定期清洗，受到污染后要及时更换。从事接触直接入口食品工作的从业人员，其工作服宜每日更换清洗。从业人员应定位存放、

更换工作服。食品处理区内加工制作食品的从业人员使用卫生间前，应更换工作服。待清洗的工作服不得存放在食品处理区。

二、过程控制基本要求

1. 制作加工过程各环节不得存在的行为

（1）使用非食品原料加工制作食品。
（2）在食品中添加食品添加剂以外的化学物质和其他可能危害人体健康的物质。
（3）使用回收食品作为原料，再次加工制作食品。
（4）使用超过保质期的食品、食品添加剂。
（5）超范围、超限量使用食品添加剂。
（6）使用腐败变质、霉变生虫、污秽不洁、混有异物、掺假掺杂、感官性状异常的食品或食品添加剂。
（7）使用被包装材料、容器、运输工具等污染的食品、食品添加剂。
（8）使用无标签的预包装食品、食品添加剂。
（9）使用国家为防病等特殊需要明令禁止经营的食品（如织纹螺等）。
（10）在食品中添加药品（按照传统既是食品又是中药材的物质除外）。
（11）法律法规禁止的其他加工制作行为。

2. 避免食品受到交叉污染的措施

（1）不同类型的食品原料，以及不同存在形式的食品（原料、半成品、成品）应分开存放，其盛放容器和加工制作工具应分类管理、分开使用、定位存放。
（2）接触食品的容器和工具不得直接放置在地面上或者接触不洁物。
（3）食品处理区内不得从事可能污染食品的活动。
（4）不得在辅助区（如卫生间、更衣区等）加工制作食品、清洗消毒餐饮具。
（5）餐饮服务场所内不得饲养和宰杀禽、畜等动物。

三、烹饪要求

1. 烹饪食品的温度和时间应能保证食品安全。
2. 需要烧熟煮透的食品，加工制作时食品的中心温度应达到 70 ℃以上。对特殊加工制作工艺，中心温度低于 70 ℃的食品，餐饮服务提供者应严格控制原料质量安全状态，确保经过特殊加工制作工艺制成的食品安全。鼓励餐饮服务提供者在售卖时按照本规范相关要求进行消费提示。

3. 盛放调味料的容器应保持清洁，使用后加盖存放，宜标注预包装调味料标签上标注的生产日期、保质期等内容及开封日期。

4. 宜采用有效的设备或方法，避免或减少食品在烹饪过程中产生有害物质。

四、供餐要求

1. 分派菜肴、整理造型的工具使用前应清洗消毒。

2. 加工制作围边、盘花等的材料应符合食品安全要求，使用前应清洗消毒。

3. 在烹饪后至食用前需要较长时间（超过 2 h）存放的高危易腐食品，应在高于 60 ℃或低于 8 ℃的条件下存放，在 8～60 ℃条件下存放超过 2 h 且未发生感官性状变化的应按要求加热后方可供餐。

4. 鼓励按照标签标注的温度等条件供应预包装食品，食品的温度不得超过标签标注的温度 3 ℃。

5. 供餐过程中应对食品采取有效防护措施，避免食品受到污染。使用传递设施（如升降笼、食梯、滑道等）的，应保持传递设施清洁。

操作技能

洗手方法

操作准备

准备肥皂（或洗手液）、清洁纸巾（或抹手布、干手机）等。

操作步骤

步骤 1 打开水龙头，用自来水（宜为温水）将双手淋湿。

步骤 2 双手涂上肥皂（或洗手液）等。

步骤 3 双手掌心对掌心搓洗，如图 9-1 所示。

图 9-1 掌心对掌心搓洗

步骤4 一手掌心对另一手手背，手指交错搓洗，如图9-2所示。

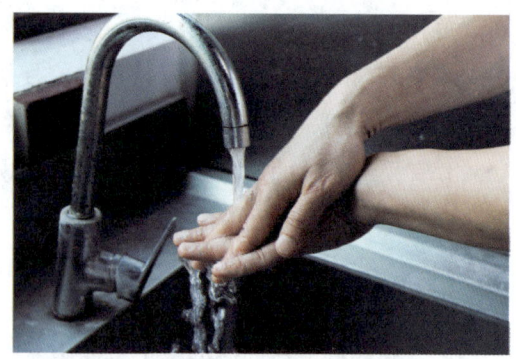

图9-2 手指交错搓洗

步骤5 手指交错掌心对掌心搓洗，如图9-3所示。

图9-3 手指交错掌心对掌心搓洗

步骤6 两手互握互搓指背，如图9-4所示。

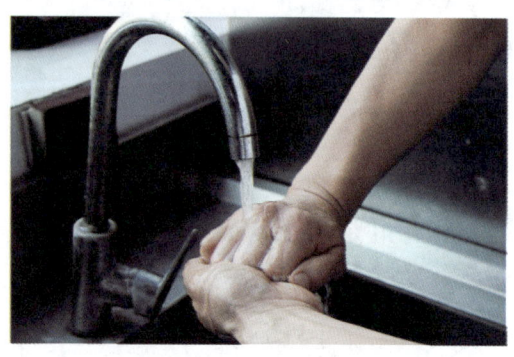

图9-4 两手互握互搓指背

步骤7 拇指在掌中转动搓洗，如图9-5所示。

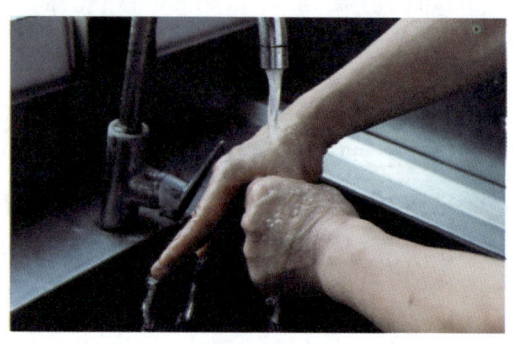

图9-5 拇指在掌中转动搓洗

步骤 8 指尖在掌中搓洗,如图 9-6 所示。

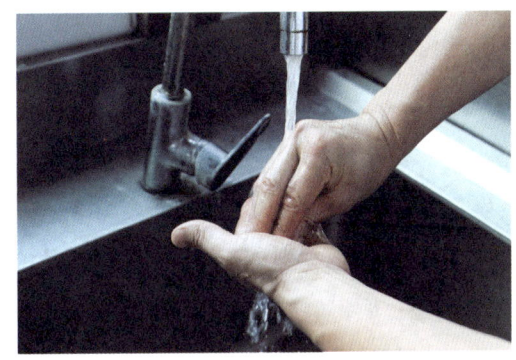

图 9-6 指尖在掌中搓洗

步骤 9 旋转揉搓腕部直至肘部,如图 9-7 所示。

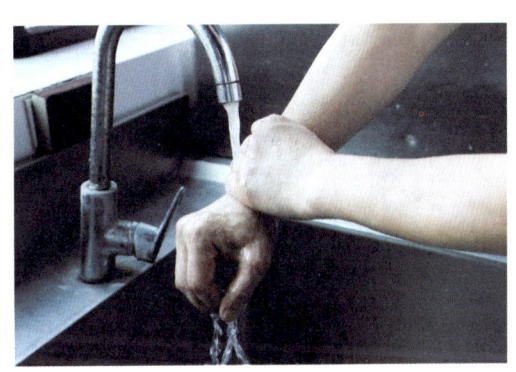

图 9-7 旋转揉搓腕部直至肘部

步骤 10 用自来水冲净双手。
步骤 11 关闭水龙头。
步骤 12 用清洁纸巾(或抹手布、干手机)干燥双手。

注意事项

工作服为长袖时应洗到腕部,工作服为短袖时应洗到肘部。

 特别提示

手部消毒方法

1. 将清洗后的双手放在消毒剂溶液中浸泡 20~30 s 后冲净擦干。
2. 取适量的乙醇类速干手部消毒剂于掌心,按照标准的洗手步骤充分揉搓双手 20~30 s,揉搓时保证消毒剂完全覆盖双手皮肤,直至干燥。

测试题

一、判断题（将判断结果填入括号中，正确的请打"√"，错误的请打"×"）

1. 《餐饮服务食品安全操作规范》是2018年6月国家市场监督管理总局发布的。（　　）

2. 食品安全管理人员和从事接触直接入口食品工作的从业人员应每2年进行一次健康检查，取得健康证明后方可上岗。（　　）

3. 专间和专用操作场所的从业人员应佩戴口罩，其他岗位的从业人员宜佩戴口罩。（　　）

4. 从事接触直接入口食品工作的从业人员制作加工食品前应洗净手部，并视情况手部消毒。（　　）

5. 从业人员工作服宜为白色或浅色，保持清洁，定期清洗，受到污染后隔天更换。（　　）

6. 食品处理区内加工制作食品的从业人员使用卫生间前，应更换工作服。（　　）

二、单项选择题（选择一个正确的答案，将相应的字母填入题内的括号中）

1. 从事接触直接入口食品工作的从业人员，其工作服宜（　　）。
   A. 每日清洗　　　　　　　　B. 隔天清洗
   C. 三天清洗一次　　　　　　D. 四天清洗一次

2. 餐饮服务从业人员（　　）要进行一次健康检查，取得健康证明方可参加工作。
   A. 每半年　　　　　　　　　B. 每一年
   C. 每两年　　　　　　　　　D. 每三年

3. 需要烧熟煮透的食品，制作加工时食品的中心温度应达到（　　）℃以上。
   A. 60　　　　B. 70　　　　C. 80　　　　D. 90

4. 在烹饪后至食用前需要较长时间（超过2 h）存放的食品，应在（　　）的条件下存放。
   A. 高于60 ℃或低于8 ℃　　　B. 高于70 ℃或低于8 ℃
   C. 高于80 ℃或低于8 ℃　　　D. 高于90 ℃或低于8 ℃

5. 高危易腐熟食品在8～60 ℃条件下存放超过（　　）h的，不得直接食用。
   A. 2　　　　B. 3　　　　C. 4　　　　D. 5

三、简答题

1. 简述从业人员洗手消毒的方法。

2. 简述从业人员的着装要求。

测试题参考答案

一、判断题

1. √ 2. × 3. √ 4. × 5. × 6. √

二、单项选择题

1. A 2. B 3. B 4. A 5. A

三、简答题

略

学习单元 3

跷脚牛肉制作安全管理要求

一、跷脚牛肉制作的用电安全要求

1. 不乱接、乱拉电线，不超负荷用电。
2. 定期维护和检测电路和设备，发现故障及时维修。
3. 安装设备必须合理安排线路，地面不可以布设明线，开关、电源等必须接触良好。
4. 定期检查配电箱，确保其符合要求。

二、跷脚牛肉制作的用火安全要求

1. 染有油污的抹布、纸屑等杂物应随时清除，以免引起火灾。
2. 油垢每周要彻底清除一次，以免引起火灾。
3. 用火时切勿随便离开、处理其他事务或与他人聊天。
4. 油锅起火时应立即用锅盖或灭火毯盖住，使其缺氧而火熄灭，并要及时关闭炉火。
5. 严禁工作人员在操作时吸烟。

测试题

一、判断题（将判断结果填入括号中，正确的请打"√"，错误的请打"×"）

1. 跷脚牛肉制作场所不得乱接、乱拉电线，不得超负荷用电。（　　）
2. 用火时切勿随便离开、处理其他事务或与他人聊天。（　　）

二、单项选择题（选择一个正确的答案，将相应的字母填入题内的括号中）

1. 油锅起火时应立即用（　　）盖住，使其缺氧而火熄灭，并要及时关闭炉火。

   A. 锅盖或灭火毯　　　　　　　B. 水

   C. 食物　　　　　　　　　　　D. 蔬菜

2. 安装设备必须合理安排线路，地面（　　）明线。

   A. 可以布设　　　　　　　　　B. 可以适当布设

   C. 不可以布设　　　　　　　　D. 可以少量布设

三、简答题

1. 简述跷脚牛肉制作中的安全用电要求。
2. 简述跷脚牛肉制作中的安全用火要求。

测试题参考答案

一、判断题

1. √　　2. √

二、单项选择题

1. A　　2. C

三、简答题

略

附录1　跷脚牛肉制作专项职业能力考核规范

一、定义

根据嘉州菜——跷脚牛肉制作工艺要求，运用本地牛肉、牛内脏、各种蔬菜等原料加工制作成汤汁醇厚、味美鲜香、滋补强身、美容养颜、吃法丰富的地方风味特色菜肴的能力。

二、适用对象

运用或准备运用本专项职业能力求职、就业的人员。

三、能力标准与鉴定内容

能力名称：跷脚牛肉制作　　　　　　　　　　　　职业领域：中式烹调师

工作任务	操作规范	相关知识	考核比重
（一）操作、安全与卫生	1. 操作娴熟，工艺程序、步骤恰当，没有较大或原则性差错 2. 掌握烹饪设备的安全操作方法，有良好的操作习惯 3. 符合食品卫生要求，有良好的卫生习惯	1. 原料加工、菜肴制作的工艺环节和程序 2. 安全用电、消防、用火知识和生产事故常识 3. 食品安全法律知识 4. 食物中毒与预防知识 5. 原料变质知识	15%
（二）原料初加工	1. 掌握各种蔬菜原料的初加工方法，净料率符合规范要求 2. 掌握不同部位分档取料方法和牛内脏原料清洗整理方法，使菜肴烹制达到质量要求	1. 蔬菜类原料加工方法（清洗、去老叶等）及技术要求 2. 牛内脏原料清理加工技术要求 3. 烹饪原料初加工及营养基础知识	15%

续表

工作任务	操作规范	相关知识	考核比重
（三）原料切配和预制	1. 能根据菜品要求将动植物类原料切割成片、丝、丁、条、块、段等形状 2. 能根据菜品要求对原料进行刀工（花刀）处理 3. 能根据菜肴规格准确配制主料和辅料 4. 能根据牛肉不同部位的质地、颜色、形态要求进行主配料的搭配组合 5. 能根据跷脚牛肉地方风味特色对原料进行腌制调味处理 6. 能使用不同品种的辣椒制作干辣椒味碟 7. 掌握熬制汤汁所需各种香料的特性及运用方法	1. 刀具的种类、使用和保养方法 2. 刀法中的直刀法、平刀法、斜刀法等的使用方法 3. 腌制调味的方法与技术要求 4. 香料基础知识	20%
（四）汤汁制作与烫制	1. 掌握原料初步熟处理方法，原料使用恰当，成品符合质量要求 2. 能正确运用火候进行烹制 3. 掌握调味方法，能够合理使用调味料 4. 掌握熬制汤汁的方法和时间 5. 掌握不同原料的烫制时间和火候，使其达到最佳食用效果 6. 掌握跷脚牛肉常用味碟的制作方法	1. 焯水的方法与技术要求 2. 调味的目的与作用 3. 调味的基本方法 4. 味型的概念及种类	50%

四、鉴定要求

（一）申报条件

达到法定年龄且具有相应技能的劳动者均可报名。

（二）考评员构成

考评员应具备一定的烹饪专业知识及实际操作经验，每个考评组中不少于 3 名考

评员。

（三）鉴定方式与鉴定时间

操作技能考核采取现场实际操作方式，考核成绩实行百分制，成绩达 60 分为合格。操作技能考核时间不少于 120 min。

（四）鉴定场地与设备要求

场地：标准热菜实训室照明设备完备、符合公共卫生要求，水、电、气等设施齐全，面积不小于 50 m^2。

设备：满足操作技能考核需要的燃气灶、砧板、刀具、炒勺、漏勺、不锈钢盆等。

附录2 跷脚牛肉制作专项职业能力培训课程规范

培训任务	学习单元	培训重点难点	参考学时
（一） 认识跷脚牛肉	1. 中国菜概述	重点：中国菜的特点及四大菜系 难点：中国菜的发展史	1
	2. 川菜概述	重点：川菜的起源与发展 难点：川菜的特点与流派	1
	3. 乐山菜概述	重点：乐山菜的代表菜 难点：乐山菜的起源与发展	1
	4. 跷脚牛肉概述	重点：跷脚牛肉的创新与未来发展方向 难点：跷脚牛肉的起源与发展	1
（二） 原料品质检验与保管	1. 原料品质检验	重点：（1）原料品质检验的意义、基本要求、方法和标准；（2）畜类原料的检验标准 难点：牛肉和牛内脏品质检验的感官标准	2
	2. 原料保管	重点：原料保管的意义与作用 难点：原料的常用保存方法	1
（三） 原料选择	1. 主料选择和分档	重点：（1）牛肉的价值与种类；（2）牛肉的部位分档；（3）牛内脏的结构及营养价值 难点：主料选择和分档	4
	2. 辅料选择	重点：植物类原料的营养成分、种类及运用 难点：植物类原料的选择	2
	3. 调味品选择	重点：（1）调味品的作用；（2）跷脚牛肉常用的调味品 难点：跷脚牛肉常用的香料调味品	2
（四） 原料预处理	1. 原料初步加工	重点：原料初步加工的基本要求 难点：原料初步加工的方法	4
	2. 原料焯水	重点：焯水的作用、方法和注意事项 难点：跷脚牛肉常用原料的焯水方法	4

续表

培训任务	学习单元	培训重点难点	参考学时
（五）原料加工工艺	1. 认识刀工	重点：刀工的作用和刀的种类 难点：磨刀的方法及刀具的保养维护	1
	2. 刀法训练	重点：直刀法、平刀法和斜刀法 难点：运用三种刀法处理原料	4
	3. 原料刀工成形标准	重点：跷脚牛肉常用原料刀工成形标准 难点：跷脚牛肉常用原料刀工成形	4
（六）调味技术	1. 调味基础	重点：调味的作用和原则 难点：调味的方法	2
	2. 味型调制	重点：（1）麻辣味型和咸鲜味型；（2）跷脚牛肉味碟的制作 难点：干辣椒粉的制作工艺	2
（七）汤汁熬制	—	重点：汤汁主料和辅料选择 难点：汤汁熬制的方法和要点	4
（八）菜品烫制	—	重点：烫制操作要点 难点：跷脚牛肉不同原料的烫制时间	2
（九）安全与卫生	1.《中华人民共和国食品安全法》相关知识	重点：《中华人民共和国食品安全法》的产生和主要内容 难点：《中华人民共和国食品安全法》的核心要义	2
	2.《餐饮服务食品安全操作规范》相关知识	重点：餐饮服务从业人员的基本要求与七步洗手法 难点：过程控制基本要求、烹饪和供餐要求	2
	3. 跷脚牛肉制作安全管理要求	重点：跷脚牛肉制作的安全用电要求 难点：跷脚牛肉制作的安全用火要求	1
总学时			47

注：参考学时是培训机构开展的理论教学及实操教学的建议学时数，包括岗位实习、现场观摩、自学自练等环节的学时数。